高效饲养新技术彩色图说系列
Gaoxiao siyang xinjishu caise tushuo xilie

TUSHUO RUHE ANQUAN GAOXIAO YANG'E

图说如何安全高效养鹅

王阳铭 汪 超 罗 艺 主编

中国农业出版社

本书有关用药的声明

兽医科学是一门不断发展的学问。标准用药安全注意事项必须遵守，但随着最新研究及临床经验的发展，知识也不断更新，因此治疗方法及用药也必须或有必要做相应的调整。建议读者在使用每一种药物之前，参阅厂家提供的产品说明以确认推荐的药物用量、用药方法、所需用药的时间及禁忌等。医生有责任根据经验和对患病动物的了解决定用药量及选择最佳治疗方案。出版社和作者对任何在治疗中所发生的对患病动物和/或财产所造成的损害或损害不承担任何责任。

中国农业出版社

GAOXIAO SIYANG XINJISHU CAISE TUSHUO XILIE

高效饲养新技术彩色图说系列

本书编委会

主　　编　王阳铭　汪　超　罗　艺

副 主 编　李　琴　张昌莲　周　鹏

编　　委　王阳铭　王启贵　汪　超　李　琴　罗　艺　周　鹏　朱正成　张昌莲　李　静　赵献芝　陈明君

编写人员　（按编写的先后顺序排名）

王阳铭　王启贵　李　琴　汪　超　罗　艺　李　静　张昌莲

图片提供　汪　超　王阳铭　李　琴　张昌莲　刁有祥　冷安斌　李　静

审　　校　谢友慧　彭祥伟

前 言

QIANYAN

鹅属于草食家禽，具有适应性强、饲养周期短、饲料来源广、产品用途多和绿色环保、无公害等特点。大力发展鹅的生产与加工，适合我国人民膳食结构的特点，符合发展节粮高效畜牧业的总战略，对充分利用当地资源，如农作物副产品、荒山野草等，促进生态环境的良性循环具有重要的意义。

在经济全球化的大背景下，世界畜牧业生产结构也在悄然发生着日新月异的变化。我国的养禽业也已发展成为畜牧业的支柱型产业，养鹅业由以往的数量型、粗放式生产向质量型、标准化生产发展。但随着我国鹅生产方式的转变，相关的养鹅参考技术书籍较少，或者以往的技术已不能适应新形势下的需求。因此，需要编写一部技术全面、内涵丰富、操作性强、图文并茂的养鹅新技术专著以满足行业快速发展的需要。

根据目前我国养鹅业面临的实际问题，本书从鹅主要品种、鹅舍建筑与设施、育雏、商品肉鹅育肥、后备种鹅饲养、种鹅的饲养、鹅的营养与饲料、发酵床养鹅、鹅常见疾病的防治九个方面进行了系统的论述和介绍。其中第一章由王阳铭、王启贵编写，第二章、第七章由李琴编写，第三章、第八章由汪超编写，第四章、第六章由罗艺编写，第五章、第九章由张昌莲编写，其中一部分由李静编写。本书注重理论联系实际，内容全面系统，书中插图为实物图片，重点突出，通俗易懂，操作性强，适用于鹅场饲养人员、技术人员和管理人员参考，也可以作为大、中专学校和农村函授及培训班的辅助教材和参考书。

鉴于编者的水平有限，书中疏漏和欠妥之处在所难免，敬请广大读者斧正。

编　者

TUSHUO RUHE ANQUAN GAOXIAO YANG'E
目 录

第一章 鹅主要品种

一、我国鹅品种资源及分类

（一）国内品种

据2003年中国畜禽遗传资源调查，我国现有鹅地方品种26个，是世界上鹅品种最多的国家，其中6个列入国家级保护名录（表1-1）。

表1-1 我国鹅地方品种

序号	品种名称	序号	品种名称	序号	品种名称
1	狮头鹅	10	鄢县白鹅	19	丰城灰鹅
2	皖西白鹅	11	长乐鹅	20	百子鹅
3	雁鹅	12	伊犁鹅	21	武冈铜鹅
4	溆浦鹅	13	籽鹅	22	阳江鹅
5	浙东白鹅	14	永康灰鹅	23	马岗鹅
6	四川白鹅	15	闽北白鹅	24	右江鹅
7	太湖鹅	16	莲花白鹅	25	钢鹅
8	豁眼鹅	17	兴国灰鹅	26	织金白鹅
9	乌鬃鹅	18	广丰白翎鹅		

（二）分类

1. 按鹅的体型大小分类 可分为大、中、小三型。大型鹅有狮头鹅，中型鹅有皖西白鹅、溆浦鹅、浙东白鹅、四川白鹅、雁鹅、钢鹅和永康灰鹅等（图1-1），小型鹅有豁眼鹅、太湖鹅、乌鬃鹅、籽鹅、长乐鹅、伊犁鹅、阳江鹅和闽北白鹅等。

2. 按鹅的羽毛颜色分类 可分为白色、灰色两大系列。白鹅有豁眼鹅、四川白鹅、浙东白鹅、闽北白鹅、皖西白鹅、太湖鹅、籽鹅、溆浦鹅和四季鹅等，灰鹅有雁鹅、狮头鹅、乌鬃鹅（清远鹅）、马岗鹅、阳江鹅、长乐鹅、道州灰鹅、伊犁鹅、永康灰鹅和钢鹅等。

图1-1 中型种鹅

图1-2 种鹅戏水

3. 按鹅的生产性能分类 可分为产肉、产蛋、产绒、产肥肝四类。

（1）产肉 我国大中型鹅种的生长速度很快、肉质较好，均可作肉用鹅，其中以狮头鹅、溆浦鹅、浙东白鹅、皖西白鹅较为突出。

（2）产蛋 我国产蛋量高的鹅种较多，有产蛋量堪称世界之最的豁眼鹅，还有籽鹅、太湖鹅、扬州鹅、四川白鹅等。

（3）产绒 产绒以白鹅最好，主要有皖西白鹅、浙东白鹅、四川白鹅、承德白鹅等。

（4）产肥肝 国内狮头鹅、溆浦鹅、合浦鹅生产肥肝的性能突出；而太湖鹅、浙东白鹅、长白鹅也有很大潜力。

二、主要鹅品种

（一）引进鹅品种（品系）

1. 朗德鹅 原产于法国西南部的朗德省，是世界上产肥肝性能最好的鹅种（图1-3）。仔鹅生长迅速，8周龄体重可达4.5千克。成年体重公鹅7～8千克，母鹅6～7千克；8月龄开始产蛋，年平均产蛋35～40枚，蛋重180～200克，种蛋受精率65%左右，繁殖力较低。适当条件下，经20天填肥后体重可达10～11千克，肥肝重700～800克。羽绒产量高，对人工拔毛的耐受性强，每年可拔毛2次，平均每只年产羽绒0.4千克。

图1-3A　朗德鹅（公）

图1-3B　朗德鹅（母）

2. 莱茵鹅　原产于德国的莱茵河流域，是世界著名的中型绒肉兼用型鹅种（图1-4）。8周龄体重达4.0～4.5千克。成年体重公鹅5～6千克，母鹅4.5～5千克；210～240日龄开产，年产蛋50～60枚，平均蛋重150～190克。莱茵鹅公母配比为1∶3～4，种用期为4年。种蛋受精率75%，受精蛋孵化率80%～85%，受精率和孵化率均高。雏鹅成活率高，达99.2%。莱茵鹅能在陆上配种，也能在水中配种。8周龄可达4.0～4.5千克，料肉比2.5～3.0，活重5.45千克，屠宰率76.15%，胴体重4.15千克，半净膛率85.28%。

莱茵鹅引入我国后作为父本与国内鹅种杂交生产肉用杂种仔鹅，杂种仔鹅8周龄体重可达3～3.5千克，是理想的肉用杂交父本。

（二）地方品种

1. 狮头鹅　狮头鹅原产于广东省饶平县，是我国大型优良鹅种，也是世界大型鹅种。因头形似狮头而得名。该鹅种与亚洲和欧洲大多数鹅

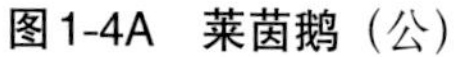

图1-4A　莱茵鹅（公）

图1-4B　莱茵鹅（群体）

种不同，具有独特的体型外貌。体躯硕大、呈方形，肉瘤发达、黑色，颌下有咽袋延伸至颈部、呈三角形。全身背面羽毛、前胸羽毛及翼羽均为棕褐色，由头顶至颈部的背面形成如鬃状的深褐色羽毛带，全身腹部的羽毛白色或灰白色（图1-5）。成年体重公鹅10～16千克，母鹅9～13千克。56日龄体重5千克以上。母鹅就巢性强，210～240日龄开产，年产蛋20～38枚，公母配比1 ： 5～6，种蛋受精率69%～79%。经3～4周填饲，平均肥肝重可达600～750克。

狮头鹅的优点是耐粗饲、生长快、肌肉丰厚、体重大；缺点是行动

图1-5A　狮头鹅（公）

图1-5B　狮头鹅（母）

迟缓、觅食力差、食量大、产蛋量低、繁殖力差。

狮头鹅常作为杂交配套的父本与其他品种母鹅杂交，能明显提高仔鹅的生长速度和产肥肝性能。

2. 溆浦鹅　产于湖南溆浦县。初生重122克；仔鹅生长快，60日龄活重达3.5千克，成年体重公鹅6～6.5千克，母鹅5～6千克。210日龄开产，年产蛋25～30枚，平均蛋重213克。公母配种比例1 ：3～5，种蛋受精率约97%。母鹅就巢性较强。经填饲试验，平均肥肝重600克。

溆浦鹅具有生长发育快、抗病力强、耐粗饲、觅食力强、肥肝性能好等优点（图1-6）。

图1-6A　溆浦鹅（公）

图1-6B　溆浦鹅（母）

3. 浙东白鹅　产于浙江东部。初生重105克，成年体重公鹅5千克，母鹅4千克左右；60日龄重3～3.5千克；150日龄开产，年产蛋40～50枚，平均蛋重149.1克，壳白色。公母配种比例1 ：10，种蛋受精率90%以上。

浙东白鹅体型大、生长快、耐粗饲；肉色紫红、肉嫩骨脆，气味清香、鲜嫩可口，可作白斩鹅。冻鹅肉是浙江的名牌产品，远销广东、香港等地。羽毛可制作羽绒被、羽绒衣、羽毛球、羽毛扇等商品。鹅肝质地细嫩、营养丰富、别具风味，可供出口创汇，是深受欧美各国欢迎的珍贵佳肴（图1-7）。

图1-7A　浙东白鹅（公）
（引自《中国畜禽遗传资源志　家禽》）

图1-7B　浙东白鹅（母）
（引自《中国畜禽遗传资源志　家禽》）

4. 四川白鹅　原产于四川省温江、乐山、宜宾、永川和达县等地，在江浙一带称为隆昌鹅。雏鹅初生重71克，60日龄重2.5千克，90日龄重3.5千克。成年体重公鹅4.5～5千克，母鹅4～4.5千克。200～240日龄开产，年产蛋60～80枚，蛋重150克。公鹅180日龄性成熟，公母鹅配种比例1 ： 4。

四川白鹅生长快、产蛋量高、体重大、繁殖力强，是优良的地方品种，是培育配套系母系母本的理想品种（图1-8）。

5. 皖西白鹅　产于安徽省。成年体重公鹅5.5～6.5千克，母鹅5～6千克。公鹅半净膛率78%，全净膛率70% ；母鹅半净膛率80%，全净膛率72%。180日龄开产，年产蛋35～40枚，蛋重142克。种蛋受精率88%以上，公母配比1 ： 5，母鹅就巢性强。产毛量高、羽绒质量好，尤以绒毛的绒朵大著称。平均每年每只可产绒100～200克，最多达349克。皖西白鹅羽绒率出口量约占我国羽绒出口总量的10%，居全国第一位。

皖西白鹅具有体型大、早期生长发育快、抗病力强、耐粗饲、耗料少、屠宰率高、肉质好，特别是产毛量高、羽绒蓬松质佳等特点，在国际市场上享有盛誉（图1-9）。

图1-8A　四川白鹅（公）

图1-8B　四川白鹅（母）

图1-9A　皖西白鹅（公）

图1-9B　皖西白鹅（母）

6. 豁眼鹅　又称五龙鹅、疤拉眼鹅。是目前世界上产蛋量最高的鹅种之一，也是世界上著名的小型鹅良种。原产于山东莱阳地区，广泛分布于辽宁昌图、吉林通化地区以及黑龙江延寿县等地。成年体重公鹅4～4.5千克，母鹅3.5～4千克。性成熟期一般为7月龄，雌鹅最早6个月见蛋。公母比例1 ∶ 4.5，在有水面的条件受精率可达90%～95%。产蛋多，平均210日龄开产，通常两天产一枚蛋，在春末夏初旺季可3天产两蛋，年产蛋量160 ～ 180枚，最高产蛋可达210余枚，平均蛋重135克。高产鹅在冬季给予必要的保温和饲料，可以继续产蛋。

豁眼鹅目前被广泛用于杂交繁育的母本品种，其杂交效果极为显著（图1-10）。

图1-10A　豁眼鹅（公）

图1-10B　豁眼鹅（母）

7. 籽鹅　原产于黑龙江绥化市和松花江地区。成年体重公鹅4 ～ 4.5千克，母鹅3 ～ 3.5千克；60日龄仔鹅重2.6千克左右。6月龄开产，年产蛋100枚左右，多者可达180个。平均蛋重131克，大者达153克，蛋壳白色。公母配种比例1 ∶ 5～7，受精率和孵化率均在90%以上。母鹅无就巢性。

籽鹅抗寒、耐粗饲能力很强，可作为理想的母本品种用于生产商品杂交鹅（图1-11）。

8. 太湖鹅　原产于江苏省太湖地区，仔鹅初生重91.2克，60日龄体重2.3 ～ 2.5千克；成年体重公鹅4.5千克，母鹅3.5千克。160日龄开产，年产蛋约60枚，高产鹅可达80 ～ 90枚，蛋重135.3克。种蛋受精率90%

图1-11A　籽鹅（公）

图1-11B　籽鹅（母）

以上。母鹅无就巢性。填饲期成活率为79.3%。平均肥肝重251.4克、最大达638克，二级以上肥肝占44.4%，合格率为81%。太湖鹅羽绒洁白如雪，经济价值高，每只鹅年产羽绒0.2 ~ 0.25千克（图1-12）。

图1–12A　太湖鹅（公）
（引自《中国畜禽遗传资源志　家禽》）

图1–12B　太湖鹅（母）
（引自《中国畜禽遗传资源志　家禽》）

（三）培育品种（品系）

1. 扬州鹅 扬州大学赵万里等组成的鹅育种课题组，经十多年的研究，培育成肉质优良、产蛋率较高的扬州白鹅，其仔鹅70日龄体重3 500克左右，年产蛋70～75枚（图1-13）。2002年通过了江苏省畜禽品种审定委员会的审定。

图1-13A 扬州鹅（公）
（引自《中国畜禽遗传资源志 家禽》）

图1-13B 扬州鹅（母）
（引自《中国畜禽遗传资源志 家禽》）

2. 天府肉鹅 四川农业大学王继文等利用引进鹅种和地方良种的优良基因库，十多年来采用现代遗传学理论和育种手段，选育出遗传性能稳定的天府肉鹅配套系（图1-14）。种鹅年产蛋量85～90枚，种蛋受精率88%～92%。商品代肉鹅在放牧补饲饲养条件下，10周龄活重4 200克左右，成活率97%。

3. 五龙鹅 莱阳农学院以王宝维为主的课题组20多年来对五龙鹅进行保种选育，育成了具有豁眼特征的白色小型鹅品种（图1-15）。经过选育的五龙鹅产蛋量达到每年90～120枚，蛋重平均为135克。种蛋受精率95%，受精蛋孵化率90%以上。种鹅产蛋期成活率95%以上。育成的快长系商品代仔鹅56日龄体重3 000克以上，成活率95%以上。

图1-14A　天府肉鹅（公）

图1-14B　天府肉鹅（母）

图1-15　五龙鹅（公母）

第二章　鹅场建筑与设施

一、鹅场选址基本要求

场址的选择是养好鹅很重要、很关键的一步，一定要考虑周密，切忌匆忙决定，造成选择失误，给生产带来诸多不便和经济损失。场址的选择要根据鹅场的性质、自然条件和社会条件等因素进行综合考虑。

1. 地势、地形　鹅场应建在地势高燥、平坦、视野开阔的地带（图2-1）。地形选择向阳的缓坡地带，阳光充足，利于通风和排水，南向或东南向缓坡为好（图2-2）。

图2-1　建设好的种鹅场

图2-2　圈养的鹅场

2. 土壤　鹅场的土壤应符合卫生条件要求，不能有工业、农业废弃物的污染，过去未被鹅或其他动物的致病细菌、病毒和寄生虫所污染，透气性和透水性良好，以便保证地面干燥。鹅场的土壤以砂壤和壤土为宜，这样的土壤排水性能良好、隔热，不利于病原菌的繁殖，符合鹅场的卫生要求。

3. 水　鹅场的用水量大，应以夏季最大耗水量来计算需水量。鹅场选址要求水源充足，水质良好，水源无污染、无异味，清澈透明，符合人畜饮用水标准，最好是城市供给的自来水。水的pH不能过酸或过碱，即pH不能低于4.6，不能高于8.2，适宜范围为6.5～7.5。硝酸盐含量不能超过45毫升/升，硫酸盐含量不能超过250毫升/升。尤其是水中最易存在的大肠杆菌含量不能超标。水质应符合NY 5027《无公害食品　畜禽饮用水标准》。

4. 电　选择鹅场场址时，要考虑电源的位置和距离，如有架设双电源的条件最理想；在电力不足的地区，应自备发电机（图2-3）。电力安装容量以每只种鹅5～6瓦、商品鹅1.5～2.0瓦计算，另加孵化器、保温电器、饲料加工、照明灯的用电量。

图2-3　小型发电机

5. 位置、交通　鹅场场址的选择首先考虑防疫隔离，保证安全生产，同时又要考虑产品及饲料运输的方便，要远离禽场和屠宰场，以防止交叉传染；要了解所在城镇近期及远期规划，远离居民住宅区。商品鹅场的主要任务是为城镇提供肉鹅，场址选择既要考虑运输的方便，又要考虑城镇环境卫生和场内防疫的要求（图2-4）。因此，商品鹅场一般距城镇10千米以上；种鹅场对防疫隔离的要求严格，应离城镇和交通枢纽远一些。另外，鹅场距离铁路不少于2千米，距离主要公路500米以上、次要公路100～300米以上，但应交通方便、接近公路，自修公路能直达场内，以便运输原料和产品。

图2-4　修建中的鹅场

6. 草源　鹅能大量利用青绿饲料，且生性喜欢缓慢游牧。据测定，每只成年鹅一天可采食1.5～2.5千克青草。放牧鹅群生长发育良好，可

图2-5　人工种植黑麦草

节约用粮，降低成本。因此，鹅场附近有可供放牧的草地、草坡、果园最为理想（图2-5）。在没有放牧条件的地方，应该在邻近鹅场处建牧草生产基地，按每亩耕地养鹅150 ～ 300只规划牧草面积。

二、鹅场布局

（一）鹅场的区域规划

鹅场一般分为职工生活区、行政区、生产管理区、生产区、粪污处理区。各区之间应严格分开并有一定距离相隔。职工生活区和行政区在风向上与生产区相平行，或位于上风向。条件许可时，职工生活区和行政区可设置于鹅场之外，把鹅场变成一个独立的生产机构。在生产场门口应设立消毒地（图2-6）和消毒间，车辆和人员要经过严格消毒才能进入场区。这样既便于信息交流及产品销售，又有利于鹅场的疫病防控。否则，如果消毒隔离措施不严格，会引起防疫工作的重大失误，给生产埋下隐患。

图2-6　消毒池

（二）建筑物的布局

1. 风向与地势　首先应按鹅场所处地势的高低和主导风向，将各类房舍按防疫、工艺流程需要的先后次序进行合理安排（图2-7）。

如果地势与风向不一致，按防疫要求又不好处理时，则以风向为主，地势服从风向。

2. 鹅舍的朝向　鹅舍的朝向与通风换气、防暑降温、防寒保暖及采

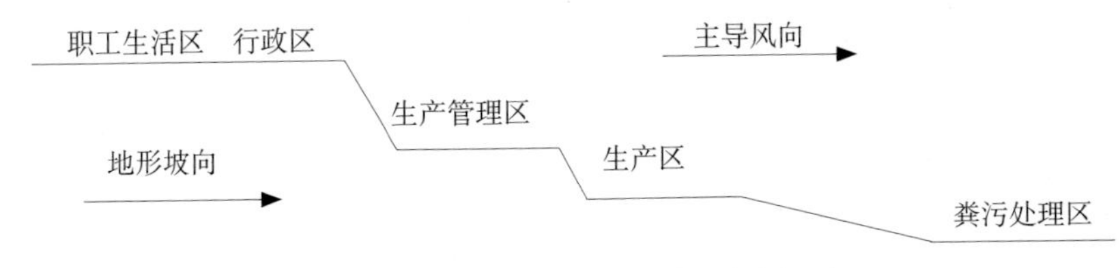

图2-7　鹅场按地势、风向分区规划示意

光密切相关。朝向选择适当，能充分利用太阳光和主导风向，有利于生产。鹅舍一般为东西走向，朝向偏南，这样既可以充分利用自然光照，又有利于冬天保温和夏天防暑降温。

三、鹅舍建设要求

鹅舍建设的基本要求是冬暖夏凉，通风换气好，光线充足，消毒方便，经济实用。鹅耐粗放饲养，鹅舍建筑可就地取材，讲求实用，尽量降低造价，减少固定资产投入（图2-8）。不同的地区，建造鹅舍的功能侧重点不同，南方以防暑降温和通风换气为主，北方地区则以防寒保暖为主。

图2-8　建成的其中一栋种鹅舍

（一）育雏舍

通常鹅舍的梁高2.2 ~ 2.5米，窗户面积与地面之比为1 : 10 ~ 15，后檐高1.6 ~ 1.8米，前檐高1.8 ~ 2.0米，内设平顶，这样可增强舍内的采光和空气流通。育雏舍的建设可因地制宜，充分利用空闲的房舍。育雏舍选择向阳背风、地势高燥的地方，应保温良好，有利于通风换气。雏鹅保暖期为21天左右，所以育雏鹅舍的要求是保温、干燥、通风，便于安装保温设备。

育雏舍内可分成若干个单独的育雏间，也可用活动隔离栏栅分隔成若干单间。每小间的面积25 ~ 30米^2，可容纳30日龄以下的雏鹅100只左右。舍内地面应比舍外高出20 ~ 30厘米，地面可用黏土或砂土铺平压实，或用水泥地面。鹅舍正前面应设喂料槽和饮水设施。每栋育雏舍的面积以每个生产单元饲养800 ~ 1 000只雏鹅为宜（图2-9、图2-10）。

图2-9　网上单层育雏小圈

图2-10　网上多层育雏小圈

（二）仔鹅和育肥鹅舍

在南方气候温暖地区可采用简易棚架式鹅舍。单列式的四面可用竹竿围成栏栅，围高70厘米左右，每根竹竿间距5 ~ 6厘米，以利于鹅伸出头采食和饮水（图2-11）。双列棚架鹅舍，可在鹅舍中间留出通道，两旁各设料槽和水槽。棚架离地面约70厘米，棚底用竹条编成，竹条间孔隙约3厘米，以利于漏粪（图2-12）。育雏棚内分成若干个小栏，每小栏15米^{2}左右，可养中型育肥鹅80 ~ 90只。

砖木结构的育肥舍需要考虑夏季散热问题。在设置窗户时就要考虑到散热的需要。简单的办法是在前后墙设置上下两排窗户，下排窗户的下缘距离地面30厘米左右。为防止敌害，可安装一层金属网，这样可使从下排窗户吹过鹅舍的风能经过鹅体，起到良好的散热和降温作用。在冬季，为防止北风侵袭，可将北面的窗户封堵严实。

（三）种鹅舍

种鹅舍建筑视地区气候而定，一般也有固定鹅舍和简易鹅舍之分，并有陆地和水上运动场。舍内面积为：大型种鹅每平方米2 ~ 2.5只、中型种鹅每平方米3只、小型种鹅每平方米3 ~ 3.5只；陆上运动场一般面积为舍内面积的1.5 ~ 2倍，不能低于1倍；水上运动场可以利用天然水

图2-11　单列式棚架鹅舍

图2-12　双列式棚架鹅舍

面，在这种情况下，利用与陆地运动场面积相等的水面，或陆上运动场面积的1/3 ～ 1/2，水深要求50 ～ 100厘米（图2-13）。如果人工建设水池，水池宽度在1.5米左右比较经济实用，水深30 ～ 50厘米即可（图2-14）。鹅舍檐高1.8 ～ 2.0米，窗与地面比例为1 ： 10 ～ 12，舍内地面比舍外高10 ～ 20厘米。在种鹅舍的一隅地面较高处需设产蛋间（或栏）或安置产蛋箱。产蛋间可用高60厘米的竹竿围成，开设2 ～ 3个小门，让产蛋鹅自由进出。在产蛋间地面上铺细沙或在木板上铺稻草。种鹅舍正面（一般为南面）设陆地和水面运动场（图2-15）。

图2-13　水面充足的种鹅舍

图2-14　种鹅场运动场及水池

图2-15　种鹅场全貌

四、鹅舍配套设施

（一）育雏设备

1. 自温育雏用具 自温育雏是利用箩筐或竹围栏作为挡风保温器材，依靠雏鹅自身发出的热量达到保温的目的。此法只适用于小规模育雏。一般用自温育雏栏和自温育雏箩筐进行育雏。自温育雏栏用50厘米高的竹编成围栏，围成可以挡风的若干小栏，每个小栏可容纳雏鹅100只以上，以后随雏鹅日龄增长而扩大围栏面积。栏内铺垫草，篾上架以竹条，盖上覆盖物保温。自温育雏箩筐一般分两层套框和单层竹筐两种（图2-16）。两层套框由竹片编织而成的框盖、小框和大框拼合而成。框盖直径60厘米、高20厘米，作为保温和喂料用。大框直径50 ~ 55厘米、高40 ~ 43厘米；小框的直径比大框略小，高18 ~ 20厘米，套在大框之内作为上层。大小框底内铺垫草，框壁四周用草纸和棉布保温。每层可盛初生雏鹅10只左右，以后随雏鹅日龄增大而酌情减少数量。这种箩筐还可供出雏用。另一种是单层竹框，框底和周围用垫草保温，上覆盖其他保温物。框内育雏的缺点是喂料前后提取雏鹅出入及清洁工作等十分繁琐。

图2-16 育雏单层竹筐

2. 给温育雏设备 给温育雏设备多采用地下坑道、电热育雏伞或红外线灯给温。优点是适用于寒冷季节大规模育雏，可提高管理效率。

（二）喂料和饮水器

1. 喂料设备 应根据雏鹅的品种类型和日龄大小，配以大小和高度适当的喂料器和饮水器。要求所用喂料器和饮水器适合鹅的平喙型采食、饮水的行为特点，能使鹅头颈舒适地伸入器内采食和饮水。一般木盆、陶盆、瓦盆或专用木槽皆可，育雏期还可用鸡用塑料料槽和饮水器。为避免鹅任意进入料槽、水器内弄脏饲料和饮水，可在盆或槽的周围或上面用竹竿围起来或用铁丝网隔挡，仅让鹅头伸入其内，不让鹅脚踏入。木制料槽应适当加以固定，以防止鹅碰翻（图2-17）。40日龄以上鹅的料盆和饮水盆可不用竹围。育肥鹅可用木制饲槽，上宽30厘米，底宽24厘米、长50厘米、高23厘米（图2-18）。种鹅所用的喂料器多为木制或塑料制，圆形如盆，直径55 ~ 60厘米、盆高15 ~ 20厘米，盆边离地高28 ~ 38厘米；也可用瓦盆或水泥饲槽，水泥饲槽长120厘米、上宽43厘米、底宽35厘米、槽高8厘米。目前市场上较高档的饮水器有真空饮水器与钟形饮水器，供水卫生，使用简便，可用于鹅群各个生长阶段的平养。

图2-17　实用雏鹅木制料槽

图2-18　实用中鹅木制料槽

2. 饮水设备

（1）乳头式饮水器　乳头式饮水器具有较多的优点，节约用水，可保持供水新鲜、洁净，极大地减少了疾病的发病率，减少劳动强度。带水杯的乳头饮水器除有乳头式饮水器的优点外，还能减少湿粪现象，改善鹅舍的环境。乳头式饮水器的类型较多，多数厂家都设计有密封垫，在选择时要注重密封垫的内在质量（图2-19）。

图2-19　乳头式饮水器

（2）真空饮水器　雏鹅和平养鹅多用真空式饮水器。优点是供水均衡、使用方便，缺点是清洗工作量大，饮水量大时不宜使用（图2-20）。

（3）普拉松饮水器　又称吊盘

式饮水器。一般用绳索或钢丝悬吊在空中，根据鹅体高度调节饮水器高度，适用于平养。优点是节约用水，清洗方便（图2-21）。

图2-20　真空饮水器

图2-21　普拉松饮水器

（4）水槽　是生产中较为普遍的供水设备，平养和笼养均可使用。其结构简单、成本低，但易传播疾病，耗水量大，工作强度大。饮水槽分V形和U形两种，深度为50～60毫米，上口宽50毫米，长度按需要而定（图2-22、图2-23）。

图2-22　塑料控水水槽

图2-23　水管材质水槽

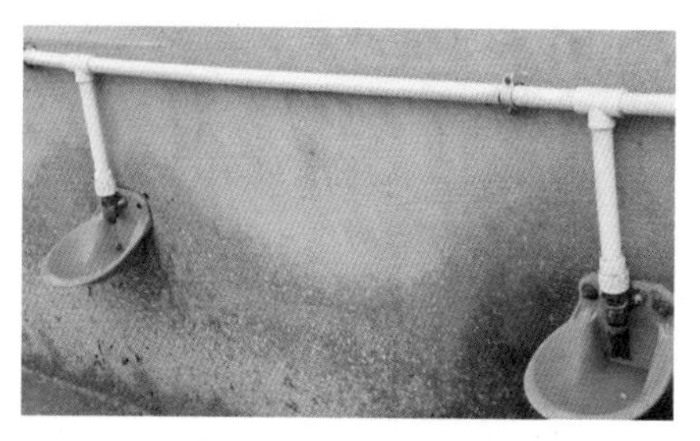
图2-24　杯式饮水器

（5）杯式饮水器　与水管相连，利用杠杆原理和水的浮力供水，不足之处是水杯需清洗，需配置过滤器和水压调节装置（图2-24）。

（6）储水箱　用于暂时储存用水。

（三）围栏和产蛋箱

软竹围可圈围1月龄以下的雏鹅，竹围高40 ～ 60厘米，圈围时可用竹夹子夹紧固定。1月龄以上的中鹅改用围栏，围栏高60厘米，竹条间距离2.5厘米，长度依需要而定。鹅群放牧时应随身携带竹围，放牧一段时间后，用围栏或渔网围护鹅群，让鹅群休息。

种鹅舍可建成开放式（图2-25），一般可不设产蛋箱，仅在种鹅舍内一角围出一个产蛋室让母鹅自由进出。育种场和繁殖场需做个体记录时可设立自闭式产蛋箱。箱高50 ～ 70厘米、宽50厘米、深70厘米。将箱放在地上，箱底不必钉板。箱前安装活动自闭小门，让母鹅自由入箱产蛋，箱上面安装盖板。母鹅进入产蛋箱后不能自由离开，需集蛋者进行记录后，再将母鹅捉出或打开门放出母鹅（图2-26）。

图2-25 开放式种鹅舍

图2-26 鹅产蛋箱

（四）运输笼

应有一定数量的用于运输育肥鹅或种鹅的运输笼。运输笼可用铁丝或竹制成，一般长80厘米、宽60厘米、高40厘米（图2-27）。种鹅场还应有运送种蛋和雏鹅的箱子，箱子应保温、牢固。

图2-27 运输笼

第三章　鹅育雏新技术

一、雏鹅生理特点

（一）生长发育快

一般中、小型鹅长到20日龄时，小型鹅体重比出壳时增长6～7倍，中型鹅种体重增长9～10倍，大型鹅种体重可增长11～12倍。雏鹅生长速度较快，一般中型品种饲养至21日龄，体重可达1～1.5千克。

（二）体温调节能力差

雏鹅出壳后全身仅覆盖稀薄绒毛，体温调节机能发育不完全，对外界温度变化、尤其是低温适应性差（图3-1）。雏鹅长至3周龄时才能较有效地适应外界气温变化。因此，育雏期需要人工供温，以确保雏鹅的正常生长发育。

图3-1　雏鹅体温调节能力差，怕冷

（三）饲料消化能力弱

雏鹅消化道容积小，肌胃收缩力弱，消化腺功能差，消化液所含酶类物质活性不高，且食糜通过消化道时间较快，因而，其消化力较弱。因此，雏鹅宜喂给易消化、营养全面的配合饲料，且在饲喂时应少喂多餐。

二、育雏方式选择

（一）自温育雏

自温育雏方法是在箩筐内铺以垫草，放入雏鹅，利用雏鹅自身散发出的热量保持育雏温度。通常室温在15℃以上时，可将1～5日龄的雏鹅白天放在柔软的垫草上，用30厘米高的竹围围成直径1米左右的小栏，每栏养雏鹅20～30只。晚上则放在育雏箩筐内。若室温低于15℃时，除每天定时饲喂外，雏鹅白天、晚上均放在育雏箩筐内，垫草中埋入高温热水瓶（不能有棱角），利用热水瓶散发的热量供温。热水瓶温度下降后，可重新灌入热水。5日龄后，根据气温变化情况，逐渐减少雏鹅在育雏箩筐内的时间。7～10日龄后，应就近放牧雏鹅采食青草，逐渐延长放牧时间。在育雏期间注意保持框内垫草的干燥。这种育雏方法设备简单、经济，但卫生条件差、管理麻烦，适于小群育雏和气候较暖和的地方。

（二）供温育雏

这种育雏方式适合于大群规模化饲养，舍内温度稳定，能充分满足雏鹅对温度的生理需要，操作方便，劳动量也相对较小，但育雏要求条件较高，需要消耗一定的能源。常见的加温方式有红外线灯、煤炉、保温伞、地下烟道、热风炉等。

1. 保温伞育雏　保温伞为木板、纤维板或铁皮等制成的伞状罩，直径为1.2～1.5米、高0.65～0.70米。伞内热源可采用电热丝、电热板或红外线灯等（图3-2）。伞离地面的高度一般为10厘米左右，雏鹅可自由选择其适合的温度，但随着雏鹅日龄的增加，应调整伞的高度。此种育雏方式效果好，但耗电多、成本较高。

图3-2　保温伞

2. 红外线灯育雏　具体做法是将红外线灯（常用功率为250瓦）直接吊离地面或育雏网上方10～15厘米处，然后将雏鹅养于灯下。每灯下可养雏鹅100只左右（图

3-3)。此法育雏效果好，但耗电且灯泡易损坏。

3. 炕道育雏 炕道育雏分地上炕道式与地下炕道式两种。炉灶与火炕用砖砌成，其大小、长短、数量需视育雏舍大小而定。北方空气干燥、风力大、火道通畅，地下炕道较地上炕道在饲养管理上方便，故多采用。炕道育雏靠近炉灶一端温度较高，远端温度较低，育雏时视雏鹅日龄大小适当分栏安排，使日龄小的靠近炉灶端。炕道育雏设备造价较高，热源需要专人管理，燃料消耗较多。也可使用煤炉烟道供暖育雏（图3-4）。

图3-3 红外线灯育雏

图3-4 烟道供暖育雏

4. 暖气/热风育雏 在育雏房舍安装暖气片（图3-5）或通过热风锅炉（图3-6）向舍内输送热风，使舍内温度达到理想的育雏温度。该方法

图3-5 暖气片

图3-6 热风锅炉

适合规模化生产，保温效果好，但成本较高。

（三）网上育雏

将雏鹅养在离地60～80厘米高的塑料底网上（孔径1～1.5厘米），在网上可隔成1米^{2}左右的小间，每小间放20只左右雏鹅（图3-7）。这种方式可饲养多层，充分利用空间。其供热方式可采用育雏伞、红外灯、暖气（烟道）等。这种育雏方法的优点是粪便可漏到底网下面，鹅体与粪便不接触，减少了染病机会，可提高育雏成活率。目前，加温网上育雏是一种较为理想的育雏方式，应大力提倡和推广（图3-8）。

图3-7　网上育雏

图3-8　网上多层育雏

三、育雏准备

（一）育雏时间选择

育雏时间选择应综合考虑鹅苗来源、气候条件、饲料供应、圈舍条件和市场需求等多种因素。春季种鹅产蛋旺季，气温转暖，青饲料丰富，因此一般来说，多于春季育鹅苗。广东四季常青，一般在11月前后育雏。在四川省隆昌县一带有养冬鹅的习惯，即11月开孵，12月出雏，冬季饲养，快速育肥，春季上市。

（二）进雏前准备

1. 育雏舍的准备　主要包括以下几方面：

(1) 应根据育雏计划计算所需育雏舍面积，可按每10只雏鹅1～

1.5米^{2}计算。

（2）应确保育雏舍通风良好且无贼风，供水、供电、供料设备正常，保温设施完备可用。

（3）对育雏舍和育雏器具严格消毒。在接雏前5～7天对育雏舍进行彻底清洗后，进行严格消毒。墙壁可用20%的石灰浆刷新。地面用20%的漂白粉溶液消毒，喷洒消毒液后关闭门窗24h，然后敞开门窗，让空气流动，吹干室内；或用福尔马林和高锰酸钾熏蒸消毒（图3-9）（1米^{3}空间用福尔马林28毫升，高锰酸钾14克）。料槽、水槽等育雏器具可用5%来苏儿溶液喷洒，然后再用清水冲洗干净，防止腐蚀雏鹅黏膜。常用的消毒设备有喷雾器（图3-10）和高压清洗消毒机（图3-11）。

图3-9　福尔马林和高锰酸钾

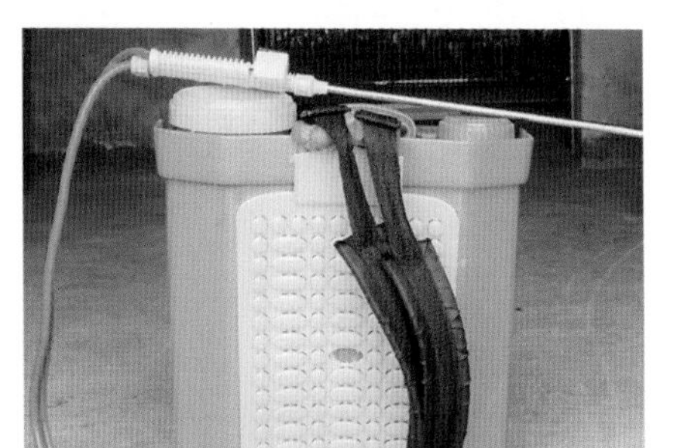
图3-10　喷雾器

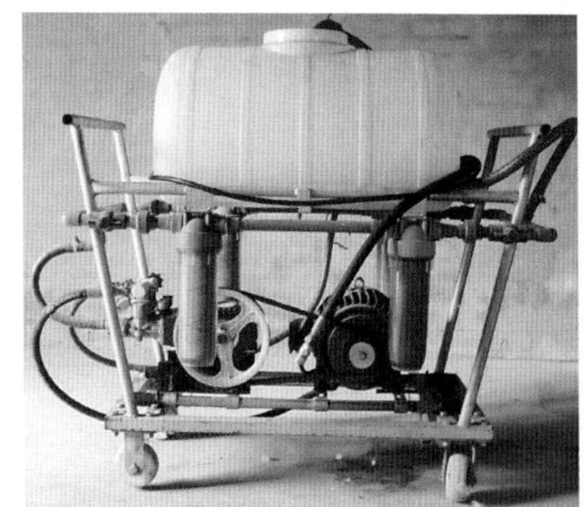
图3-11　高压清洗消毒机

2. 饲料的准备　雏鹅消化能力较差，因此应供应易消化、营养全面的小颗粒全价配合饲料（图3-12）。1～21日龄的雏鹅，日粮粗蛋白质水平为20%～22%，代谢能为1.30～11.72兆焦/千克；28日龄起，粗蛋白质水平为18%，代谢能约为11.72兆焦/千克。另外，还应供给雏鹅足量优质青绿饲料。

3. 药品疫苗准备　为了预防雏鹅发生疾病，应适当准备一些消毒药、抗菌药和疫苗等。常用的消毒药物有来苏儿、漂白粉、福尔马林和高锰酸钾等，常用的抗菌药有泰乐菌素、多西环素和氟苯尼考等，常用的疫苗有小鹅瘟冻干疫苗、鹅副黏病毒疫苗和禽出血性败血症疫苗等。

图3-12　雏鹅用颗粒料

4. 试温　在进雏前2～3天，应对育雏舍内供热设施设备（如保温伞、红外灯、烟道等）进行调试，确保其能够正常运行。在雏鹅入舍前将室温升至28～30℃后，待温度均匀、平稳后，才能进鹅苗。温度表应悬挂在高于雏鹅生活的地方5～8厘米处，并观测昼夜温度变化（图3-13）。

图3-13　必备的干湿球温度计

四、雏鹅的选购

（一）品种

（1）要充分了解侯选品种的特性、生产性能、饲养要求，根据本地区的自然习惯、饲养条件、消费者要求，选择适合本地饲养的品种或饲养杂交鹅。

（2）留种雏鹅必须来源于健康、无病、生产性能高的鹅群，且其亲本有可靠的防疫程序，一般不选择开产前期种鹅的后代。

（3）要选择体格健壮、精神状态良好的雏鹅。

（二）场家

选购雏鹅时，宜选择有一定生产规模、种鹅系谱清楚、生产管理规范、产品声誉良好的种鹅场购买。在订购雏鹅前应对种鹅场和孵化场进行摸底，要求种鹅无高致病性禽流感、小鹅瘟等垂直传染性疫病及其他疫病，并有较高水平的母源抗体。此外，所选种鹅场还应具备有关部门颁发的《种畜禽生产经营许可证》、《动物防疫合格证》等相关证件，依法开展生产经营活动的鹅场（图3-14、图3-15）。

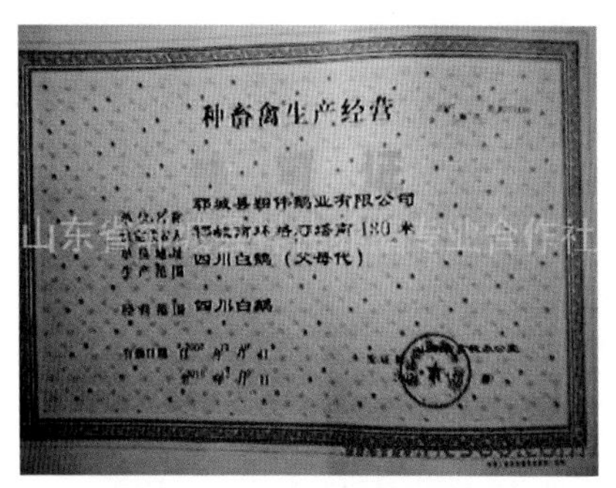
种畜禽生产经营
郓城县翔伟鹅业有限公司
四川白鹅（父母代）
四川白鹅

图3-14　生产经营许可证

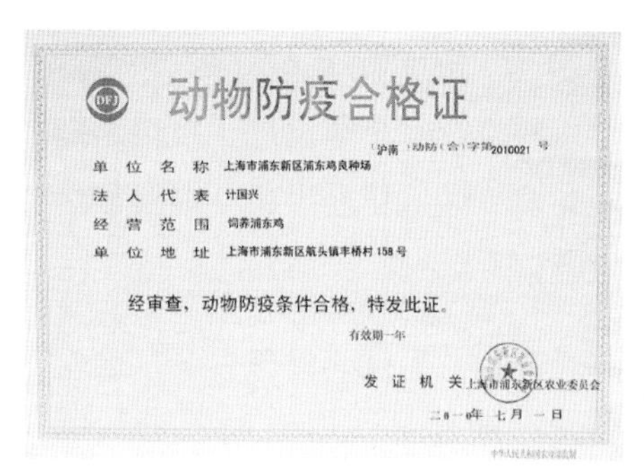
动物防疫合格证
（沪南）动防（合）字第2010021号
单　位　名　称　上海市浦东新区浦东鸡良种场
法　人　代　表　计国兴
经　营　范　围　饲养浦东鸡
单　位　地　址　上海市浦东新区航头镇丰桥村158号
经审查，动物防疫条件合格，特发此证。
有效期一年
发　证　机　关　上海市浦东新区农业委员会
二0一0年　七月　一日

图3-15　卫生防疫许可证

（三）质量

雏鹅品质好坏直接关系到雏鹅的育成率和生长发育。因此，选择健康的高品质鹅苗至关重要，选择鹅苗可从以下几方面考虑。第一、充分了解种蛋的来源及出雏情况。种蛋要求来自健康无病、生产性能高的种鹅，并符合所需品种的特性特征，要选择按时出壳的雏鹅。第二、观察雏鹅的外形。宜选择个体大，绒毛粗长、干燥、有光泽，行动活泼，叫声有力的健雏，同时还要剔除瞎眼、歪头、跛腿等外形不正常及精神状态不好、卵黄吸收不佳、肛门周围附着粪污的雏鹅（图3-16）。当手抓雏鹅时，感觉挣扎有力、有弹性、脊椎骨粗壮的是强雏。

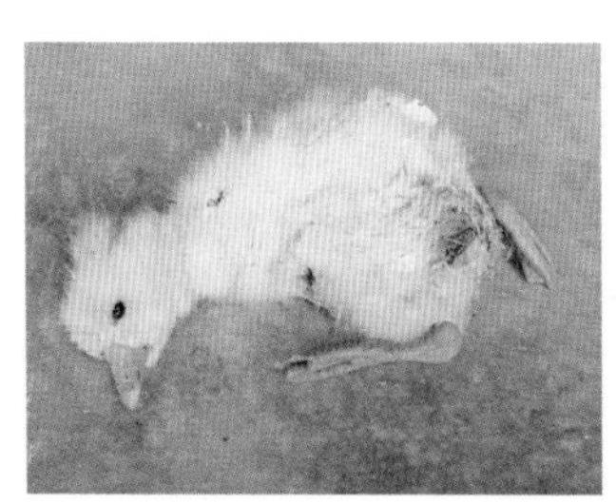
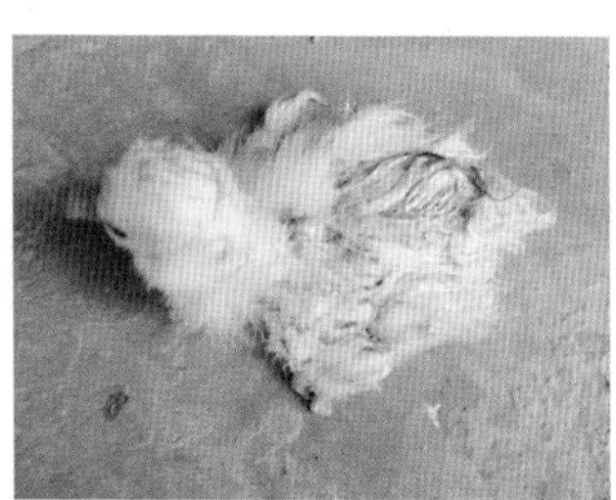
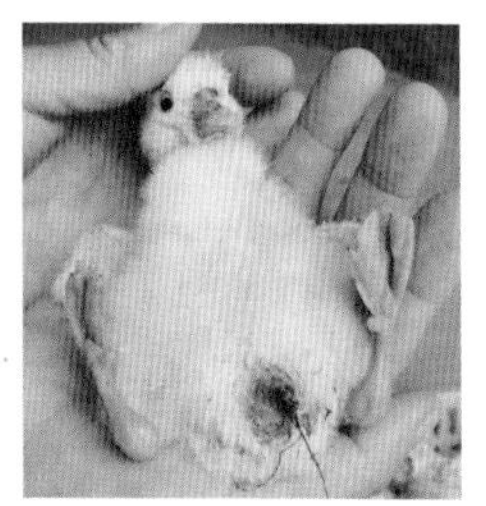

图3-16　弱　雏

五、雏鹅的运输

运输雏鹅前应对运输及装载工具等进行彻底清扫、冲洗和消毒，确保其清洁卫生。雏鹅出壳后毛干站稳后即可运输。运输时间尽量缩短，最好在24小时内完成。雏鹅运输最好选用专门的运雏箱（纸箱、木板或塑料），运雏箱一般长60厘米、宽45厘米、高20～25厘米，内分4格，每格可装雏鹅20只（图3-17）。长途运输可选用飞机和带空调的汽车，短途运输可用汽车、拖拉机和三轮车等。运输过程中应注意保温和通风，避免剧烈颠簸振动。运抵饲养地后将雏鹅转入育雏舍，休息片刻，即可饮水。

图3-17　运输箱

六、雏鹅饲养技术

（一）潮口

雏鹅开食前要先饮水，称为潮口。雏鹅到场后，放入围栏内，每个围栏平均放养40只。每个围栏内放置两个料盘和一个饮水器。如果是远距离运输，则宜首先喂给5%～8%的葡萄糖水，其后可改用普通清洁饮水，必要时饮0.05%高锰酸钾水。对个别不会饮水的雏鹅可将其头部按进饮水器中浸一下，教会其饮水（图3-18）。

图3-18　诱导饮水

（二）开食及饲喂

潮口后即可开食（图3-19）。开食料可以用肉鹅专用料。15日龄料草比为1 ：1，6～10日龄为1 ：2～3，11～25日龄为1 ：4～8，26～30

图3-19　开食（全价料）

日龄为1 ：9～12。所用青草须为优质青草。1～3日龄可日喂5～6次，4～10日龄日喂7～8次，11～30日龄日喂5～6次。15日龄前每天喂2次夜食，15日龄后每天喂1次夜食，每次喂量以雏鹅八成饱为宜。

七、雏鹅的管理技术

（一）分群

由于同期出壳的雏鹅强弱不同，以后又会因多种因素的影响造成强弱不均，必须定期按强弱、大小分群，将病雏及时挑出隔离饲养，并对弱群加强各方面管理（图3-20）。在自温育雏时，尤其要控制鹅群密度，一般在第1周，直径35～40厘米的围栏中养雏鹅15只左右，以后逐渐减为10只左右。给温育雏时，也要注意饲养密度，每平方米面积养雏鹅数为：1～5日龄为25只，6～10日龄为15～20只，11～15日龄为12～15只，15日龄后为8～10只，每群以100～150只为宜。

图3-20　健　雏

（二）温度

雏鹅出壳后全身仅覆盖稀薄绒毛，体温调节机能发育不完全，对外界温度变化、尤其是低温适应性差。温度过高过低均不利于雏鹅生长发育。因此，需要人工调节育雏舍温度。不同日龄鹅育雏温度见表1。所谓育雏温度只是一种参考，在饲养过程中除看温度表和通过人的感官估测掌握育雏温度外，还可根据雏鹅的表现判断温度的高低。温度适宜，雏鹅安静无声，彼此虽依靠，但无打堆现象，吃饱后不久就睡觉（图3-21）；温度过低，雏鹅叫声频频而尖，并相互挤压，严重时发生堆集；温度过高，雏鹅向四周散开，叫声高而短，张口呼吸，背部羽毛潮湿，行动不安，吃料时表现口渴而大量饮水。另外，温度不能忽高忽低，温度过低，雏鹅受凉易感冒；温度过高，雏鹅体质会变弱。

图3-21　温度适宜时的雏鹅

（三）湿度

适宜的温湿度对鹅的生长发育至关重要。不同日龄鹅所需湿度见表3-1。低温高湿会导致鹅体热散发而感寒冷，易引起感冒和下痢；高温高湿则抑制鹅的体热散发，造成物质代谢与食欲下降，抵抗力减弱，发病率增加。因此，育雏室湿度不能太高，门窗不宜密封，要注意通风透光，室内不宜放置湿物，喂水时切勿外溢，及时清理粪便与更换湿垫料，保持地面干燥。

表3-1　不同日龄雏鹅的适宜温度与湿度

日　龄	育雏温度（℃）	湿度（%）	室温（℃）
1～5	27～28	60～65	15～18
6～10	25～26	60～65	15～18
11～15	22～24	65～70	15
16～20	20～22	65～70	15
20以上	脱温		

注：育雏温度是指育雏箱内垫草上5～10厘米处的温度，室温是指室内两窗之间距地面1.5～2米高处的温度。

（四）脱温

在育雏期间，最初1周温度不得低于28℃，以后每周下降1～2℃。21日龄时温度降到20℃，以后根据实际情况，逐步调节到自然温度，称为脱温。过早脱温，雏鹅容易受凉而影响发育；保温期太长则雏鹅体弱、抗病力差，容易得病。

（五）放牧与游水

雏鹅10日龄后，如果气温适宜，可以开始放牧。每天放牧两次，上午和下午各一次，每次放牧时间要控制在0.5～1小时，以后随日龄增长适当延长放牧时间。阴雨天应停止放牧。雏鹅15日龄前后可开始游水，每次游水时间约15分钟，以后可适当延长，但最好不要超过1小时。

（六）防敌害

在育雏的初期，雏鹅无防御和逃避敌害的能力，鼠害是雏鹅最危险的敌害。因此，要仔细检查育雏室的墙角、门窗，堵塞鼠洞；在农村还要防止黄鼠狼、猫、犬、蛇的侵袭，在夜间应加强警惕，并采取有效的防御措施。此外，还应加强消灭蚊蝇的工作，防止其叮咬雏鹅，避免疾病传播。

（七）加强防疫

雏鹅出壳后1日龄皮下注射抗小鹅瘟高免血清0.5毫升；1周后注射抗小鹅瘟冻干疫苗，1 ∶ 100倍稀释，每只1毫升；15日龄注射鹅副黏病毒疫苗每只0.5毫升；30日龄注射禽出血性败血症疫苗1次，注射剂量见产品说明书。

（八）其他日常管理

在育雏过程中应注意观察鹅只精神状态、采食和饮水及排便情况是否正常，准备好育雏记录本，记录雏鹅的采食量、体重、死亡数、存栏数、疾病发生情况与诊疗措施等（图3-22）。

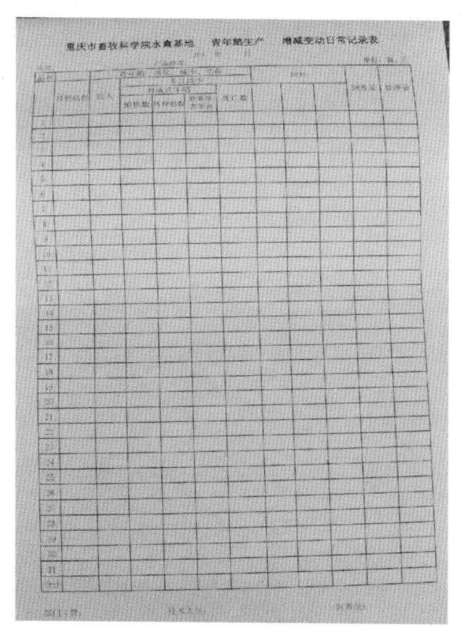

重庆市畜牧科学院水禽基地　青年鹅生产　增减变动日常记录表

图3-22　生产记录表

第四章　商品肉鹅育肥新技术

一、商品肉鹅的生产特点

（一）草食性、耐粗饲

鹅是家禽中体型较大和较易饲养的草食性水禽，凡是在有草地和水源的地方均可饲养，尤其在水源丰富、牧草富饶的地方，更适宜成群放牧饲养。鹅喜食牧草，只需饲喂少量的精饲料，不存在人畜争粮的问题。在我国人口众多、粮食紧张的大环境下，大力发展商品肉鹅养殖业，实现对畜牧业战略性结构调整具有重要作用。

鹅具有强健的肌胃，肌胃内压力比鸡、鸭高1.5 ～ 2倍，可以更容易地磨碎食物。发达的消化道和盲肠是鹅的另一大特征。研究表明，雏鹅到3周龄时，盲肠开始发育，并且重量迅速增加，5周龄时盲肠的重量是出生时的36倍多，并且盲肠内含有大量微生物，尤其是厌氧纤维分解菌特别多，可使纤维素发酵分解，产生大量低级脂肪酸供鹅体吸收利用，这使得育成育肥期肉鹅对纤维素具有很强的消化能力。

图4-1　雏鹅称重

（二）生长发育快

肉鹅生长速度快，产肉能力强。以豁眼鹅为例，初生重平均为80克左右（图4-1），而1周龄时体重可以达到200克，是初生重的2.5倍；3周龄时体重可达750克左右，是初生重的9倍；5周龄时体重为1 650克左右，为初生重的20倍。小型地方鹅品种70日龄的体重为2.5 ～ 3.0千克，中型鹅品种70日龄的体重可达3 ～ 4千克，而狮头鹅等大型鹅品种70日龄体重为6千克以上。同时，鹅的屠宰率很高，四川白鹅、武冈鹅、籽鹅以及狮头鹅等常见肉用鹅的屠宰率都在80%以上，全净膛率在65%以上。

二、商品肉鹅育肥的原理

根据商品肉鹅耐粗饲、生长快、易沉积脂肪的特点，肉鹅育肥应按骨、肉、脂的生长顺序进行饲养。由于肉鹅在育成育肥阶段骨骼肌肉生长发育最快，首先应供给充足的蛋白质和钙、磷等物质，以保证其骨骼的快速生长，促进肌细胞尽快分裂繁殖，使鹅体各部位肌肉，特别是胸肌、腿肌充盈丰满。其次应提供大量碳水化合物，促进鹅体内沉积脂肪，使肉鹅个体变得肥大而结实。

肉鹅育肥后期应养于光线较暗的环境中，适当限制其活动，减少体内养分的消耗，以利于长肉并促进脂肪的沉积。

三、育肥前的准备工作

育肥的肉鹅要精神活泼、羽毛光亮、两眼有神、叫声洪亮、机警敏捷、善于觅食、健壮无病，为60 ～ 70日龄以上的育成鹅。为了使育肥鹅群生长整齐、同步增膘，必须将大群分成若干个小群饲养。分群的原则是：将体型大小相近和采食能力相似的公母鹅混群，分为强群、中群和弱群等，在饲养管理中根据各群的实际情况，采取相应的技术措施，缩小群体之间的差异，使全群达到最高的生产性能，一次性出栏。另外，鹅体内的寄生虫较多，如蛔虫、绦虫、吸虫等，育肥前要进行一次彻底的驱虫，对提高饲料转化率和育肥效果有好处。驱虫药应选择广谱、高效、低毒的药物。

四、育肥鹅的饲养方式

育肥前应该有一段育肥过渡期或称预备期，使育肥鹅群逐渐适应育肥期的饲养管理。育肥的方法按采食方式可以分为两大类：自由采食育肥法和填饲育肥法。自由采食育肥法包括放牧加补饲育肥法、舍饲育肥法。放牧加补饲育肥法是最经济的育肥方法，在我国农村地区养殖户多采用这种方法育肥；放牧条件不充足或集约化养殖时，则采用舍饲育肥法，舍饲育肥法管理方便，使用单一能量饲料或以能量饲料为主的配合饲料喂养鹅群，育肥效果好。填饲育肥法又包括手工填饲育肥法和机器填饲育肥法。

（一）放牧育肥

放牧育肥成本低，但是效果不如舍饲好，一般结合农时进行，即在稻麦收割前50 ~ 60天开始养殖雏鹅，稻麦收割后的空闲田最适合50 ~ 60 日龄的育成鹅放牧育肥，这样可以充分利用残留的谷粒和麦粒。放牧育肥时，应尽量减少肉鹅群的运动，可以搭建临时鹅棚，鹅群放牧到哪里就在哪里的放牧地留宿，这样既可以减少鹅群路上往返的时间，增加鹅群觅食的时间，又可以减少鹅的能量消耗，提高育肥效果。良好的放牧育肥方法要有一定的线路，放牧条件好且面积大的地方可以选择逐渐向城镇或收购地点靠拢的路线，且放牧路线上应有水质清洁的水源（图4-2）。放牧中让鹅吃饱后再放其游水，每次游泳30分钟，上岸休息30分钟，再继续放牧。鹅群归牧前应该在舍外让其休息并补饲，每天每只鹅用100克精饲料加上切细的青饲料拌匀后饲喂，青饲料占精饲料量的20%左右。这样经过约15天的放牧育肥，到达目的地就地出售，既减少了运输途中的麻烦、防止鹅掉膘或者伤亡，又减少了鹅体能量消耗，提高了放牧育肥的效果。

图4-2　放牧育肥

（二）舍饲育肥

虽然放牧育肥肉鹅成本低，但是工作量大，工作人员很辛苦。生产中可将鹅圈养在舍内，限制其活动，饲喂丰富的精饲料和青绿饲料，让

图4-3　网上育肥

鹅迅速肥壮起来。舍饲育肥主要有网上育肥和地面圈养育肥两种方式。

我国华南一带多采用围栏网上育肥（图4-3）。网架距离地面60 ～ 70厘米，网孔距离3 ～ 4厘米，鹅粪可以通过网孔间隙漏到地上，育肥结束后一次性清理粪便，可保持网面上干燥、干净。这样既减少额外的工作强度，也有利于育肥鹅的健康和提高育肥效果。为限制鹅的活动，可以将网面分割成若干小栏，每栏10米^{2}为宜。饲料量以鹅吃饱为止，并且提供一些青绿饲料，供给清洁充足的饮水。

圈养育肥肉鹅就是指把肉鹅圈养在地面，限制其活动，饲养密度为每平方米4 ～ 6只（图4-4）。给予大量能量饲料，让其长膘长肉。在我国东北地区，由于天气寒冷，多采用在地面加垫料的方式育肥肉鹅，定期清理垫料或添加新垫料，与网上育肥方式相比，这种育肥方式人员劳动强度相对较大、卫生条件较差，但是投资少、育肥效果也较好。在圈养育肥时要特别注意保持鹅舍安静，限制鹅的活动，可以隔日让鹅群水浴一次，每次10分钟。

图4-4　地面圈养育肥

采用自由采食，充分供给以能量饲料为主的精饲料的饲喂方法（图4-5），每天每只鹅用300 ～ 500克精饲料加上切细的青饲料拌匀后饲喂，青饲料占精饲料量的10% ～ 20%。这样经过10 ～ 15天的育肥即可达到上市出售或加工所需肥度的肉鹅标准。出栏时同样实

图4-5　自由采食

行全进全出制，清洗消毒圈舍后再育肥下一批肉鹅。

（三）填饲育肥

填饲育肥俗称“填鹅”，可以加快育肥速度和缩短育肥时间。具体方法是将配制好的饲料制条，然后一条一条地塞进肉鹅的食管里，强制其吞下去，保持安静的环境，减少鹅的活动，肉鹅就会逐渐肥胖起来，肌肉也会逐渐结实。填饲育肥法饲料利用率高、育肥效果好，一般填饲5～7天，鹅可以增重20%～30%。填饲的适宜温度为10～25℃，温度超过25℃的炎热季节不宜填饲。

1. 填饲饲料　填饲育肥的饲料能量要求比平时高，一般是用碎米、玉米、豆饼粉和糠麸类等按比例混合而成。填饲育肥的饲料配方可采用：玉米60%～65%、米糠20%～24%、豆饼5%～8%、麸皮10%～15%、食盐0.5%，并补充少量微量元素、多种维生素等。将饲料用水拌匀成稠粥状，填饲初期饲料可以稀一些，后期应稠一些。填饲前先把饲料用水闷浸约4小时，填饲时搅拌均匀后再进行。夏季高温时不必浸泡饲料，以防饲料变质。刚开始填饲时，填饲量以每次120～150克（干料）为宜，3天后逐渐增加到每次填饲160～250克。填饲时间为每昼夜3次，即8：00、14：00、21：00各一次。

2. 填饲方法　肉鹅填饲育肥方法分为手工填喂法和机器填喂法两种。

（1）手工填喂法　手工填饲法由人工操作，一般要两人互相配合，填饲员左手固定住鹅头，不使鹅头往下缩，并使鹅不乱动，助手顺着插入鹅食管的填饲管将饲料逐次加入，由于填饲只能将饲料填入食管的中部，因此要用右手拇指、食指和中指在鹅的颈部轻轻地将填入的饲料往食管膨大部挤下，添满后再将填饲管往上移动，直至颈部食管填满，一直填到距离咽喉5厘米处为止。将填饲管退出食管后填饲员要捏紧鹅嘴，并将鹅嘴垂直向上拉扯，右手轻轻地将食管上端的饲料往下捋2～3次，使饲料尽可能下到食管中段，然后将填饲完的鹅放归鹅圈。手工填饲效率低下，每人每小时只能填饲40～50只鹅。现在大群鹅的填饲育肥一般采用填饲机进行填饲。

（2）机器填喂法　填饲员左手抓住鹅头，食指和大拇指捏住鹅嘴基部，右手食指伸入鹅口腔。将鹅的舌头压向下颌，然后将鹅嘴移向机器，小心地将事先涂上油的喂料管慢慢插入鹅的食管膨大部，此时要注意让

图4-6　机器填喂

鹅伸直颈部，右手握住鹅颈部食管内管子出口处，开动机器，右手将食管内的饲料捋往食管下部，如此反复，至饲料填到距离咽喉1 ~ 2厘米时，关机停喂（4-6）。为了防止鹅吸气时饲料掉进呼吸道导致窒息，在使鹅离开填饲机管子的时候，应该将鹅嘴闭住，并将其颈部垂直向下拉，用食指和拇指将饲料向下捋3 ~ 4次。填饲时要注意观察填饲鹅的状况，饲料不要阻塞食管，以免引起食管破裂。目前采用的填饲机主要有9TFL-100型填饲机、9DJ-82-A型填饲机和9TFW-100型填饲机。

五、林地、果园生态养鹅技术

（一）划分林地果园养殖区域、确定养殖规模

1. 养殖区域的确定　林地、果园要求远离村庄，相对安静，面积不小于5亩。按照用途将林地、果园划分成两个区域，其中1/3的区域作为青饲牧草生产区，种植高产优质的优良牧草，如杂交狼尾草、菊苣、黑麦草等（图4-7），主要用于刈割切碎作为舍饲鹅的补充青料。2/3的区域作为放牧区，放牧区种植耐践踏、耐放牧、再生力强的中矮型牧草，如宽叶雀稗、白三叶等，供鹅群放牧时自由采食。同时需要根据当地气候特征、营养需要、管理等适时开展暖季型牧草和冷季型牧草的轮作、禾本科与豆科牧草搭配种植、一年生和多年生牧草的合理配套种植，以满足鹅群牧草的全年均衡供应。

图4-7　人工大面积种植黑麦草

林地或果园一般以东西长30 ~ 50米、南北长50 ~ 100米为一个种养单位。面积较大的林地内可设若干个种养单位，每个种养单位用网隔开。每个种养单位内设一个集中区，集中区为全封闭式，有门进出，区内设饲养棚、饮水器、食槽。集中区大小按养鹅数量

而定，以能容纳单位内所有鹅但不拥挤为度。育雏舍可以建在果园附近以方便脱温后放牧（育雏提倡专业化企业集中进行）。果园面积较大的区域，可将育雏舍搭建在果园中，既减少土地的占用，又方便将来放牧。

2. 养殖规模的确定　林下养鹅必须要有一个合理的密度（图4-8）。所有的牧场都有一个载畜量，为了保持林地、果园的生态平衡不被破坏，必须确定合理的载鹅量，即单位面积林地上必须有一个合理的放鹅量，否则放养数量过多、密度过大，就会造成林地、果园生态环境的破坏；同时也会造成鹅多草少，使鹅吃不饱，不能满足鹅每天的采食量，造成争食，最后出现鹅群大小不均匀，在出栏的时候会出现一些体重不达标的鹅。因此，载鹅量的确定最好以林地的产草量和鹅的体型大小来定。一般情况下，放鹅密度以每亩林地放养80～100只为宜。每个种养单位放养雏鹅300～500只，也就是每群鹅数量为300～500只，即最小以30米×67米以内(3亩)，最大以50米×100米（7亩）为一片果树林放养单位。

图4-8　适度规模林下养鹅

（二）根据养殖条件确定养殖季节和育雏时间

1. 以养殖场地来决定养殖生产的季节　生态养鹅根据养殖场地类型的不同，相应地就有养殖季节的选择和限制。有的养殖场地有季节限制，有的没有。比如，南方的林下、果园、草山荒坡等生态养鹅没有季节限制，一年四季皆可养鹅；而北方由于气候寒冷，冬天不能进行生态放养。又比如利用冬闲田就有季节限制，只有在秋季9月份稻谷收获后才能种草养鹅，一般是从10月份开始养，可养到第二年的3月底，4～5月份就准备用来种植水稻了(图4-9)。

图4-9　农闲田放牧养鹅

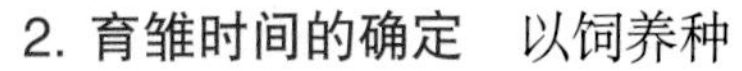

2. 育雏时间的确定　以饲养种

鹅为目的，南方以2～3月育雏为宜。这时日照时间逐渐延长，气温日趋上升，保温育雏后的中雏可以采食到优质的嫩草，鹅生长快，体质健壮；成年鹅体型大、开产早，当年9月左右就可产蛋，并能在春节前孵出一批雏鹅，且雏鹅的生长速度较快。北方则应在3～6月育雏。这时气候适宜，有利于小鹅成活和生长发育，中雏阶段能充分利用夏季茂盛的青草和秋季收获后的茬地放牧，既可节省大量的精饲料、降低成本，还可培育出健壮的成年鹅。

如果是饲养商品肉鹅，则没有季节限制，只要能买到雏鹅都可以育雏饲养。鹅育雏时间的长短，应根据当地当时的气温来定。一般以外界气温达到15～20℃才可脱温，冬季育雏时间约为1个月左右，夏季育雏时间7天以内。

（三）在林果地种植牧草及划区围栏

1. 林果地的清理

（1）放牧鹅群前，清除果树林的石块、铁丝、干树枝等杂物，清除死水沟、凼中的积水，清除与养鹅无关的所有废弃物。

（2）局部园地出现板结时，应及时松土，并配合撒播牧草，恢复园地生态环境。

2. 林地果园建立用于养鹅的放牧、刈割草地　鹅除了需要补充精饲料外，青饲料对鹅的生长也非常重要。吃不到充足的青饲料，鹅不但生长缓慢，而且容易发生消化和代谢性疾病，因此保证充足的青饲料供应很关键。由于近年来自然草地的减少，单靠自然放养难以保证充足的饲料来源，需要人工种草来加以补充。

建立用于养鹅的林地、果园刈割草地，对于草地的地形、坡度和离鹅舍的远近等不如放牧草地要求严格，但为了减少牧草运输工作量和费用，建议离鹅舍近一些。为防止水土流失，不要在30°以上坡度的地方建立刈割草地。建立果园放牧草地养鹅，要选择靠近清洁水源、地势平缓、通风良好、有遮阳设施等的地方。

选择放牧草地（图4-10）要遵循以下原则：①草地附近有清洁的水源；②草地离鹅舍要近，特别是用于雏鹅进行适应性放牧阶段的草地离鹅舍要近；③草地地势要平缓，便于鹅行走和放牧；坡度大的地方鹅放牧行走困难，还会因放牧鹅的践踏引起水土流失；④草地要洁净，周围没有疫情，没有被农药、化学物质、工业废物、油渍等有毒有害物质污染，没有碎玻璃等杂物；⑤草地要安静，放牧场要远离公路、学校、工厂等嘈杂的地方，以免鹅群受到惊吓；⑥放牧场还应有小树林或大树，若没有则应在地势较高处搭建临时遮阳棚，供鹅休息、避风、避雨、避寒、避热。幼苗果园不宜放养肉鹅，否则对果树的生长会产生不利影响。

图4-10　放牧草地

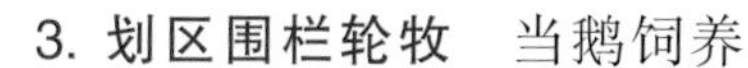

3. 划区围栏轮牧　当鹅饲养成规模的时候，就得合理划分林下的草场，实行分期轮牧了。这样做既可以避免大批鹅走散，还可以使牧草得到继续生长的机会，使草地恢复生机。在自由放牧的情况下，牧草丰富的时候鹅专吃嫩草和草尖，造成牧草利用不充分而使牧草老化，纤维含量增加，消化率下降；在牧草不丰富的时候，如果固定在一个地方放牧的时间过长，鹅有时连草根也会拔出来，会造成果园草地严重破坏，且会导致果园土壤板结。划区围栏轮牧可使草地牧草得到有效合理的利用。划区围栏轮牧应根据草地地形、牧草产量和鹅群大小等，确定划区数量、面积的大小及轮牧周期长短等。在牧草生长迅速的季节以10天为一个轮牧周期，在牧草生长慢的季节以15天或20天为一个轮牧周期。养鹅需要水源，最好以水源为中心，采取放射状划区围栏轮牧（图4-11）。

轮牧区应在6个以上为宜，换区放牧后，对原饲养过鹅的园区进行清理和消毒。

4. 应合理安排用药与林果地利用时间　为了防止果树病虫害，要给果树喷洒农药，给果树喷洒农药时，一定要掌握好用药的种类和用药的时间，所用农药应是高效、低毒、有效期短的农药。作为刈割草

图4-11　围栏材料

地，可根据农药药效的长短，将草地划分为若干个小区轮流刈割。在第一个小区刈割后转入第二个小区时，给第一个小区的果树喷洒农药，以此类推。再回到第一个小区刈割时，农药的药效已过，对鹅没有毒害作用。作为放牧草地，在第一个轮牧小区放牧后，鹅转入第二个轮牧小区时，可对第一个轮牧小区的果树喷洒农药，以此类推。比如划分5个轮牧小区，每个轮牧小区放牧3天，轮牧周期为15天，那么农药的有效期不能超过12天。

（四）林果地种植牧草的管理

放牧鹅如果只采食杂草，杂草的蛋白质含量等营养成分较低，满足不了鹅的生长要求，会导致鹅营养不足、长势不好，到鹅30日龄该换羽时却不换羽，个头明显小。因此，需要在林果地种植含较高营养成分的牧草（图4-12）。比较好的牧草品种冬春季黑麦草、菊苣为主，夏秋季以苦卖菜、墨西哥玉米为主。保证一年四季有牧草供应。菊苣的平均粗蛋白含量为17%，氨基酸含量丰富。圈养的鹅还要补充骨粉、贝壳粉、磷酸钙，同时还要补充维生素D，促进鹅对钙、磷的吸收，保证鹅在育肥期的营养全面。正常养鹅，商品鹅一般70日龄就可上市，这期间一只鹅大概需要消耗25～28元的饲料费；实行种草养鹅后，一只鹅到出栏只需要20元的饲料成本，这样算下来，种草养鹅一只鹅的饲养成本可降低8元左右。

图4-12　林下种草

1. 林果树下牧草要求　牧草品种决定牧草的产量和质量，而牧草产量和质量直接影响鹅的营养供给和生长发育。随着果树的生长，覆盖度增大，对牧草的生长发育有一定的影响，因此必须选择适宜果园种植的牧草。在果园行间种草或充分利用野生杂草，以多年生草为好。适用草种有豆科的白三叶、苜蓿，禾本科的鸭茅、黑麦草、早熟禾，以及叶菜类等。对果树间野生杂草，应根据鹅的食性，逐渐在日常管理中去劣存优并消灭毒草。

选择牧草时应遵循以下原则：①鹅喜食；②耐阴性强，能在果树下较好生长；③草的高度要适中，一般宜选择株型低矮、根系发达、覆盖度高、生物量大的草种；④多年生、再生能力强、耐践踏；⑤须根系，没有发达的主根，少与果树争夺水分和养分；⑥应注意豆科和禾本科牧草的合理搭配；⑦与果树没有共生病虫害，并能栖宿果树害虫的天敌为好；⑧能充分利用果树冬眠期的光能和热能。

2. 果树下牧草栽培要求　第一年上半年以鹅群强度放牧的方式清除果园地的杂草，并人工清除鹅不食用的杂草。到下半年秋季可以播种人工牧草，并以黑麦草为先锋草消除其他杂草。

行间距较大的果园，牧草品种选择苜蓿、红三叶、白三叶、多年生黑麦草等；树冠较大、郁闭度较高的果园，种植三叶草。葡萄园种植白三叶、百脉根等。

（1）根据不同土壤类型选择牧草品种　选择适合当地气候和土壤条件、品质优良、适口性好的牧草品种。盐碱地可种植耐盐碱的牧草，如沙打旺、黑麦草及籽粒苋等。在林场或果园，则必须选择喜阴品种。中性偏碱土壤，适合种植红三叶、白三叶、鸡脚草等牧草。山坡丘陵地带土壤贫瘠，水资源缺乏，应种植耐旱、耐瘠、覆盖性良好的牧草，如紫花苜蓿、高羊茅等。在沙土地上宜种植小冠花、沙打旺等牧草，如水肥条件良好，可种植墨西哥玉米、杂交狼尾草、鲁梅克斯K-1、杂交酸模等牧草。栽种牧草可实现常年供草。

（2）牧养鹅的牧草品种　建立牧鹅人工草地时，注意选择高低适宜鹅采食、适口性好、耐践踏的品种，如苜蓿（图4-13）、多年生黑麦草（图4-14）、白三叶（图4-15）、红三叶、鸡脚草、猫尾草等永久性品种，也可选择冬牧70黑麦、苦荬菜（图4-16）、苏丹草等季节性品种。

图4-13　紫花苜蓿

图4-14　黑麦草

图4-15　白三叶

图4-16　苦荬菜

（3）圈养鹅的牧草品种　除可种植牧鹅牧草品种外，重点选择青绿多汁的叶菜类牧草，如籽粒苋（图4-17）、鲁梅克斯（图4-18）、串叶松香草、高丹草（图4-19）、菊苣、苦荬菜、墨西哥玉米（图4-20）、莴笋等。

图4-17　籽粒苋

图4-18　鲁梅克斯

图4-19　高丹草

图4-20　墨西哥玉米

3. 林果地种植牧草的利用——可用于放牧和刈割　果园植被有上层植被和林床植被之分，上层植被是果树经营的产物，林床植被是鹅的直接饲料。随着果树的生长，果园内的郁闭度增加，产草量减少。所以，应充分利用果园内郁闭度小、地面阳光充足、牧草产量高的时期。果园草地利用分为刈割利用和放牧利用。

（1）刈割利用　牧草刈割利用，就是牧草生长到30～50厘米时进行刈割，将刈割的牧草切成2～3厘米长的段喂鹅，主要用于舍饲养鹅或圈养养鹅（图4-21）。凡匍匐型生长或低矮的牧草，生长到30～40厘米高时应刈割利用，比较高大的牧草生长到50厘米左右高时应刈割利用。

图4-21　牧草刈割

牧草刈割留茬高度根据品种的不同有所不同，一般为5厘米；越冬前最后一次刈割留茬应高些，为7～8厘米，这样能保持牧草的根部营养，有利于其越冬（图4-22）。在确定最适刈割时间时，必须根据牧草生育期内地上部产量的增长和营养物质动态来决定，不同的牧草品种、不同的地域，刈割时间是不同的，要灵活掌握。牧草刈割利用过早，虽然营养成分和饲用价值有所提高，但产草量低；若牧草刈割利用过迟，虽然产草量有所提高，但纤维成分增加，营养价值和品质降低。牧草应尽量鲜用，以减少晒制过程中的营养损失。

图4-22　黑麦草刈割利用

（2）放牧利用，分区围栏轮牧　当雏鹅养至4周龄后，户外温度在15℃以上时，就可以脱温放养；当外界环境温度达到22℃时，15日龄的小鹅也可试着在野外放养了。开始几天，每天放养2～4小时，以后逐日增加放养时间，使雏鹅逐渐适应外界环境。外界温度15℃以下时，5～6周龄鹅方可全天在果树林地放牧。

草地放牧利用是最经济有效的饲养方式，也是我国养鹅生产的主要经营形式，就是牧草生长到30厘米左右进行鹅的放牧利用。由于鹅的采食和践踏，放牧对牧草生长发育、牧草的繁殖、牧草产量、草地植物种类、土壤等有影响，草地牧草适宜的利用率一般情况下为60%～70%，分区轮牧利用率可以提高到80%左右。分区围栏轮牧应根据草地地形、牧草产量和鹅群的大小等，确定分区的数量、面积大小及轮牧周期的长短等。区与区之间钉桩拉网隔开，网眼大小以鹅头不能伸进为准。每群鹅不超过300羽，即30×67平方米以内为一片果树林放养单位，划区轮牧，保证青草充足，节省饲料，同时注意观察果树下青草采食情况，及时轮换地块，保护果树地不被践踏板结。放牧利用时要随着果园郁闭度的增加、产草量减少，随之减少载鹅量。

图4-23　围栏轮牧

放牧的鹅群必须从小加强训练，使之逐步适应固定的“语言信号”，建立起相应的条件反射，调教鹅出牧、归牧、下水、休息、采食等行为。与此同时，还需要选择、培养和调教好“带头鹅”，依靠带头鹅的作用控制鹅群，达到更有效地管理放牧鹅群的目的。在果园草地牧草能满足鹅群生长发育营养需要的情况下，可以少补或不补饲精料；在果园草地牧草营养不能满足鹅群生长发育需要的情况下，可适当提高补饲精料量，补饲要视草情和鹅情而定，以满足鹅的营养需要为前提。

（五）建立四季均衡的季节性牧草地

林地、果园的杂草品质不高，并不能满足鹅的营养需要，因此，为了获得更好的养鹅效益，必须人工种植高产优质牧草，以满足放牧或刈割的需要。

1. 林果地牧草种植技术　我国北方因气候原因，可春夏种植牧草；而南方和西南地区，雨量充沛，水热资源十分丰富，大部分地区终年不见霜雪，适宜牧草的生长，且牧草生长期较长，一年四季都可以安排种植牧草，如对草地进行改造和牧草品种的合理搭配，可形成终年不枯的常绿草地带，牧草在一个生长季节可连续多次刈割。对于多年生牧草，种植一次可连续利用3～5年，甚至多达十几年，牧草产量优势十分明显。在果园下种植鹅喜食的牧草，可获得较高的产量。果园下种植一年生多花黑麦草，每公顷（即15亩）可产鲜草65～75吨，种植苦荬菜每公顷可产鲜草70～100吨，种植杂交狼尾草每公顷可产鲜草100吨以上。

图4-24 高产牧草

（1）牧草种植技术 用于种植牧草的果园地在播种前要进行地面清理，去除杂草，松土，施放基肥(20～30吨/公顷厩舍肥)。由于各地的气候条件不同，播种时间也不一样，可春播，也可秋播，一般采用秋播。播种量可根据果园地势、果树品种、地区、季节、气候、土壤肥力、种子纯度和质量等确定，播种量一般为15～25千克/公顷，干旱和水肥条件差的地区比湿润和水肥条件好的地方播种量稍多。播种方法:一般采取条播，行距20～30厘米不等；也可以采用撒播或穴播，或采用苗圃育苗移栽。因为牧草种子细小，播种深度宜浅不宜深，一般为2厘米，撒种后稍耙即可。播种时，凡种子较硬实的，应提前1天用水适当浸泡，以促进种子萌发。豆科牧草播种时应拌根瘤菌。

（2）牧草高产栽培模式 牧草由于其生长特性不同，可分为冬春季牧草和夏秋季牧草。冬春季牧草主要有冬牧70黑麦、多年生黑麦草；夏秋季牧草主要有苏丹草、籽粒苋、苦荬菜、菊苣、墨西哥玉米等。为保证鹅常年的鲜草供应，果树地或草地宜采用不同牧草品种套种、轮作、间作和混播技术。牧草常年供应模式有以下几种。

图4-25 牧草套作

1）一年生轮作　如墨西哥玉米与冬牧70黑麦分别在夏秋和冬春轮作。冬牧70黑麦与苏丹草、籽粒苋、苦荬菜等一年生喜温性牧草分别在秋冬和春夏轮作。

2）多年生与一年生套种　套种是在前季牧草生长后期，在其株、行或畦间播种或栽植后季牧草。例如，种植鲁梅克斯、串叶松香草、菊苣时留足行距，便于套种冬牧70黑麦、墨西哥玉米、苏丹草等。再如，采用种植一年生黑麦草和多年生菊苣的方式来饲养肉鹅。黑麦草的供草期在当年11月至次年6月，而菊苣的供草期在3～11月，两种牧草搭配，可达到持续供应。黑麦草播种量为1.5千克/亩，菊苣的播种量为0.3千克/亩，以秋播为好。播深一般2～3厘米，条播、撒播均可，条播行距35～40厘米，播前施足基肥，每亩施有机肥2 500～3 000千克。苗期要注意防除杂草，及时间苗、定苗，生长季节应根据情况施肥、浇水，注意防治叶斑病及心腐病等。

图4-26　林下套种牧草

图4-27　黑麦草与豆科牧草混播

3）多年生与一年生间作　间作是在同期有两种或两种以上生长季节相近的牧草，在同一块田地上成行或成带间隔种植。为解决夏季多年生黑麦草枯、苜蓿长势弱的问题，夏季可间作苏丹草、苦荬菜等。

4）林间套种多年生牧草　在树林、果园等种植耐荫的鸡脚草、白三叶等，既可为鹅提供饲料，又不影响树木的生长。

（3）牧草混播技术　混播牧草多由禾本科牧草和豆科牧草两大类组成，豆科牧草与禾本科牧草在混合牧草中的比例要因地制宜，一般为1 ∶ 2。以多年生黑麦草和白三叶、多年生黑麦草和红三叶为最好。也可同科牧草混播，如冬牧70黑麦与多花黑麦草混播。

不同生物学特点的牧草混播，可优势互补，既可提高产量、品质，又可延长利用时期。比如冬牧70黑麦与多花黑麦草混播，冬牧70黑麦前期占主导地位，多花黑麦草后期占主导地位，利用时间可延长1个月以上。禾本科牧草和豆科牧草混播，可利用豆科牧草固定氮素，增加禾本科牧草粗蛋白质含量。饲喂过程中，可使豆科牧草的高蛋白和禾本科牧草的高碳水化合物相互补充，提高饲喂效果。

混播牧草的播种总量要适宜，同科牧草混播，可用其单播量的35%～40%；不同科牧草混播，可按其单播量的70%～80%播种。

2. 林果草地田间管理技术　防除杂草是田间管理的一项重要工作。牧草苗期生长缓慢，易受杂草危害，应及时清除杂草。灌溉是提高产量的重要措施，在干旱季节和地区应及时灌溉，以促进生长、增加产量。我国南方降水量大，在洪捞季节还应注意开沟排水，否则土壤水分过多、通气不良，会影响牧草根系的生长，导致烂根。草地牧草收割和放牧，每年从土壤中带走大量的养分，会造成土壤肥力下降，继而影响牧草产量。为了保证牧草稳产高产，施肥是关键，除结合整地施足基肥外，每次刈割和放牧后都要追肥。多年生牧草一般第1年长势较弱，第2～3年才能进入高产期，应加强苗期的管理，及时防除杂草、施肥和灌溉，培育壮苗。

值得注意的是，在给种有牧草的果园果树用药时，一定要掌握好用药的种类和用药的时间，尽量施用高效、低毒、有效期短的农药，把用药时间与划区轮牧周期有机地结合起来，确保放牧时农药药效已过，防止鹅误食发生中毒。

（六）单位面积合适的放鹅量

作为放牧草地，控制单位面积放牧鹅的数量是管理人员的最重要的工具。如载鹅量过高会造成草地过度利用，使草地退化；载鹅量过低则造成草地牧草资源的浪费。一般情况下，南方草地牧草春季的产草量约为全年产草量的60%～70%，夏季牧草生长缓慢，秋季虽然恢复生长，但低于春季的水平，冬季大部分牧草停止生长。同时，随着果园内郁闭度增加，林床产草量减少。所以，应根据果园草地牧草的生长状况、产草量、果园郁闭度、不同的季节以及地形等确定单位面积的载鹅量。一般情况下，每亩地仔鹅放养量为100只，大鹅放养量为80只左右。

（七）放牧管理技术

1. 放牧管理

（1）鹅群的调教 鹅的合群性强，可塑性大，胆小，对周围环境的变化十分敏感。在放牧初期，应根据鹅的行为习性，调教鹅的出牧、归牧、饮水、休息等行为。放牧人员加以相应的声音等信号，使鹅群建立起相应的条件反射，养成良好的生活规律，便于放牧管理。

图4-28 鹅轮牧草地

（2）放牧日常管理 放牧鹅采食的积极性主要在早晨和傍晚。鹅群放牧的总原则是早出晚归。放牧初期，每天上、下午各放牧一次，中午赶回圈舍休息。气温较高时，上午要早出早归，下午应晚出晚归。随着仔鹅日龄的增加和放牧采食能力的增强，可全天外出放牧，中午不再赶回鹅舍。放牧鹅群常常采食到八成饱时即蹲下休息，此时应及时将饮水设备移至鹅群处，并保证供水充足。

值得注意的是，林下养鹅不等于是完全的粗放散养，甩手不管。它只是在养鹅的某个阶段，充分利用鹅吃草的特性，利用天然的草资源以节约部分人工饲料的支出。要想养好鹅，除了让鹅吃草之外，该补的精料还应科学补喂。尤其在鹅苗刚出生的前2周，育雏舍饲管理和精饲料饲喂都是必不可少的。几乎和所有的小生命一样，这个阶段是它们一生中最脆弱也是最重要的阶段。但是渡过这个阶段以后就必须让小鹅接受新的锻炼了，以便能让它们顺利地从鹅舍过渡到林地。在进入放牧饲养阶段时，对于一些先天不足的弱雏鹅，应把它们分出来单独饲养，饲喂精料，让它们尽快赶上大多数鹅的生长，等身体恢复到正常以后再放牧。如果任由情况自由发展，将弱鹅放牧到草场上，差距会越拉越大。

当室外地面的温度达到22℃时，14日龄的小雏鹅就可以每天适当放到林下锻炼个把小时了（如果外界温度达不到22℃，则育雏期应延长到30～40日龄）。可以选择温暖晴朗的日子，让它们先在嫩草地上做适应性训练。这个阶段的放牧，就是让小鹅从吃饲料到吃青草的一个过渡，是让它们练胃的过程。一开始可以每天放牧两次，每次活动半小时。以后随着小雏鹅日龄的增加，放牧草地可以由近及远，放牧的时间也可以由短到长了。特别要注意的是，放牧时，不论小鹅走到哪里，饮水就要及时补充到哪里。同时，这期间小鹅仅靠放牧远不能满足它们生长发育的需要，要在小鹅放牧回舍后再补喂足够的精料。

30日龄后的仔鹅对外界环境的适应性以及抵抗力都提高了一大截，消化能力也增强了，可以全天放牧了。从这时候开始，是鹅一生中羽毛、肌肉和骨骼都生长最快的阶段。在林地下，仔鹅几乎能够完全依靠天然的饲料来满足生长的需要。

30日龄后的仔鹅活动量加大，采食量也相应增大，符合仔鹅在这个阶段快速生长、快速发育、新陈代谢加快的特点。有一个谚语“仔鹅吃上露水草，不喂精料也上膘”。这个时候，仔鹅胃的体积明显增大，这时要根据它的特点，让它多吃、快吃、快长。鹅还有个特点，就是吃吃歇歇。它们吃饱了以后，会就地休息，甚至睡上一小觉。这时候，要尽量避免惊扰它们，因为仔鹅敏感，特别容易受到惊吓，受惊的鹅群会躁动不安，容易挤成一堆导致受伤。鹅群休息好之后，再继续放牧饮水，这样循序渐进着来。

还有句老话叫“养鹅无巧，清水青草”。足够的饮水对鹅格外重要。在夏天烈日的情况下，养鹅的第一个任务就是看好水、勤添水。不过，当烈日曝晒的时候，林子的优势就显现出来了，树荫就是最好的遮阳网。

前面讲了，仔鹅在放牧前期需要补充精料，以满足其生长发育的需要。对刚结束育雏期进入中鹅期的鹅群或牧地牧草质量差、数量少时，需要适当给鹅补饲精料。参考配方为：玉米粉46%、小麦次粉20%、干青草粉1%、豆粕粉11%、石粉1%。饲养户可根据自己的具体情况，因地制宜补给精饲料。

2. 放牧注意事项 从总结多数养殖者的经验教训来看，林下养鹅一般有八个注意事项。

（1）注意防止传染病 严禁到疫区进鹅苗，在市场上买鹅苗最好经过检疫，如发现鹅群有疫情，应及时把健鹅和病鹅隔离开来，一边抓紧防治，一边将健鹅转移到安全的地方，减少危害。

（2）注意防止中毒 养鹅的果园最好施用低毒农药或者果园喷过农药、施过化肥后，暂时把鹅圈起来，15天左右农药挥发后再放牧。

（3）注意防止潮湿 鹅虽然喜欢戏水，但是放牧在果园中休息的场地则需要干燥凉爽，尤其是50日龄以内的雏鹅，更要注意防潮湿。

（4）注意防止雨淋 40～50日龄的中雏鹅，羽毛尚未长全，抗病力较差，一旦被雨水淋湿，容易引起呼吸道感染和其他疾病。

（5）注意防止追赶鹅群 鹅行走较缓慢，尤其是雏鹅最怕追赶，故在放牧过程中切勿猛赶乱追。

（6）注意防止惊群 鹅是胆小、怕惊的家禽，果园养鹅以远离公路、铁路为好，以防汽车、火车等鸣笛声使鹅惊群。

（7）注意饮水 虽然果树下能避光遮阳，但鹅如果不能喝足水会严重影响生长，所以随时都要保证鹅足够的饮水。

（8）注意防兽害 雏鹅缺乏自卫能力，在果园里养鹅要有良好的防范措施，防止野兽侵害鹅群。

（八）林下生态养鹅的经济效益

林下放牧养鹅相对于舍饲来说，效益更高更显著，以下是林下生态养鹅效益提升的关键点。

1. 林下养鹅不仅对周边的自然条件有要求，对养鹅的人同样也有要求 对放牧出去的鹅不能撒手不管，有时候管理的小细节会直接影响养鹅的效益。有了一定的林果地作为放牧空间储备的时候，还要做好计划，算好轮牧的周期和面积。这样才能高效合理地运用果园这个天然的“饲料厂”。另外放牧鹅饮水要随时跟上。由于放牧饲养，鹅群容易感染寄生虫。因此，在鹅30～40日龄时可全群用广谱驱虫药左旋咪唑驱虫一次。有地有草、有轮换的空间，再加上科学管理，林下养鹅就可以开展得很好了。

2. 青草品质和产量受季节的影响 当草量变少的时候，可以因地制宜用一些其他的青饲料来补充青草的不足或适当补充一些精料。例如，有的养殖户充分利用玉米秸秆，将其加工成草粉喂鹅。秸秆并不一定要加工成草粉，新鲜的秸秆粉碎后作为青草的补充，效果同样很好。

3. 生态养殖鹅舍投入少 鹅舍无需高水平的设施，不需要标准的鹅舍，农户们可以利用自家闲置的仓房或搭建简易棚舍即可，可以减少大量的鹅舍建造费用。由于充分利用了鹅吃草的生理特性，鹅在放牧时采食林间的牧草和杂草，可以大量节省饲料开支。而鹅不采食树叶、树皮，对林木特别是幼林，不会造成危害。由于鹅的活动面积比在鹅舍里大，空气也更新鲜，鹅发病少、成活率高。加上鹅在林子里可以自由觅食小虫等，生长得比较快，相比室内饲养，鹅的质量、毛色、口感都要好许多。

据估算，林下种草养鹅要比全程舍饲成本减少10元/只左右，在青饲料充足的条件下，每只鹅只需投资20元左右，饲养70～90天可长到3千克以上，每只鹅的纯收入可达10～30元，比舍饲高5～10元，具有非常高的经济效益和生态效益。

鹅

第五章　后备种鹅饲养管理新技术

一、后备种鹅的特点

了解后备种鹅的生理特点，便于制订适宜的饲养方案，对于保障育成体质健壮、高产的种鹅群具有重大意义。

（一）喜水性

鹅属于水禽，喜欢在水中觅食、嬉戏和求偶交配。因此，宽阔的水域、良好的水源是养鹅的优越环境条件。鹅每天有近1/3 的时间在水中活动。育成期鹅通过不断潜水觅食，可充分利用水中食物及矿物质，满足其生长需要。正常健康鹅的羽毛总是油亮干净，经常用喙梳理羽毛，不断以嘴和下颌从尾脂腺蘸取油脂，涂抹全身羽毛，游泳时可防水，上岸抖水可干，这有利于保持鹅体清洁。

（二）耐粗饲，代谢旺盛

鹅属食草水禽，育成期鹅的消化道可塑性大，且食管膨大部宽大、富有弹性，一次可采食大量的青粗饲料。鹅肌胃肌肉发达，其收缩压力为490千帕，比鸡大1 倍多，消化道是体斜长的7 ～ 8 倍，而且有发达的盲肠，消化饲料中粗纤维的能力比其他家禽高40％以上，是理想的节粮型家禽。由于鹅肌胃收缩压力大，对青粗饲料的消化能力强。因此在种鹅的育成期应以放牧为主，增强种鹅耐粗饲能力，降低饲料成本。

（三）骨胳发育迅速

40 ～ 80日龄鹅的生长发育仍处于快速期，也是骨胳生长发育的重要阶段。此时期鹅肌肉和羽毛的生长也非常迅速，需要的蛋白质、钙、磷、维生素等营养物质逐渐增加，要注意合理的营养搭配才能保证育成种鹅的正常生长发育。如果补饲日粮中的蛋白质含量过高，会使鹅过早发育，导致过肥，并促进其早熟。此阶段鹅的骨骼尚未充分发育，骨骼纤细、体型较小，但提早产蛋。出现这种现象说明鹅体各部分的生理功能尚不协调，生殖器官虽发育成熟但不完善，开产不久由于机体各部位功能间失调，会出现停产换羽。因此，育成种鹅应适当减少补饲量，日粮蛋白质保持较低水平，采用以放牧食草为主的粗放饲养，这样有利于鹅骨骼、羽毛和生殖器官的协调发育。

根据育成种鹅上述生理特点，此阶段应培育出耐粗饲、适应性强、体格健壮的后备种鹅，为选育留种打下良好的基础。

二、种鹅的雌雄鉴别

（一）肛门鉴别法

1. 雏鹅期　最佳鉴别期是在出雏后2 ～ 24小时以内，常用以下两种操作方法。

（1）翻肛法　此法应用较为广泛。操作者用左手的中指和无名指夹住鹅颈口，使其腹部向上；右手的拇指和食指放在鹅泄殖腔两侧，轻轻翻开泄殖腔，如在泄殖腔口见有螺旋形突起即为公雏；如是三角瓣形皱褶即为母雏（图5-1）。

（2）捏肛法　操作者左手握住雏鹅，以右手食指和无名指夹住雏鹅体侧，中指在其肛门外轻轻向上一顶，如感觉有一细小突起者即为公雏，如无则为母雏。此法较难掌握，要求中指感觉灵敏，熟练掌握后鉴别速度较快。

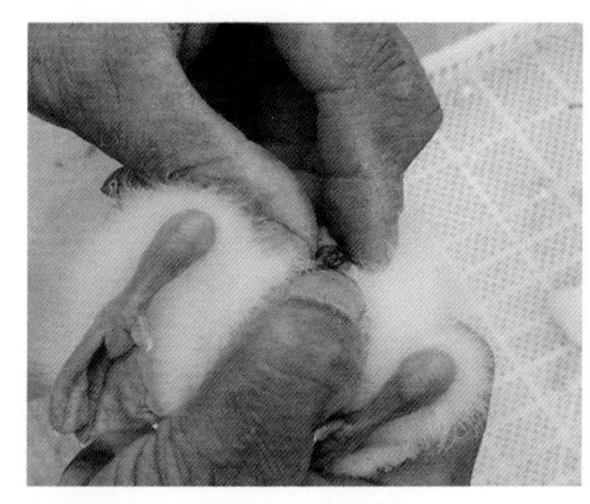

图5-1　翻肛法

2. 育成期（或半月龄以后） 此期用翻肛法鉴别较为准确。具体操作如下：操作者呈半蹲伏，右膝压住鹅的背前部，稍用力（压住即可，不可用力过猛或将全身重量全部压在鹅身上，以免把鹅压伤），左、右手的大拇指、食指和中指共同操作，向后向下按压，翻开泄殖腔（此时鹅的腹压增大，只要注意用力技巧，较为容易翻开），如见有一0.6 ~ 0.8厘米长的细小突起（此为生长过程中的阴茎）即为公鹅，如无则力母鹅。也可两人配合进行翻肛鉴别（图5-2）。操作者也可将鹅放在膝盖上或操作台上翻肛鉴别，此法较为省力，但费时。有的母鹅在泄殖腔边缘处有一三角形突起，这种鹅俗称“刺儿母鹅”，此时容易将其判断为公鹅，要注意区分，以免混淆而影响鉴别率。

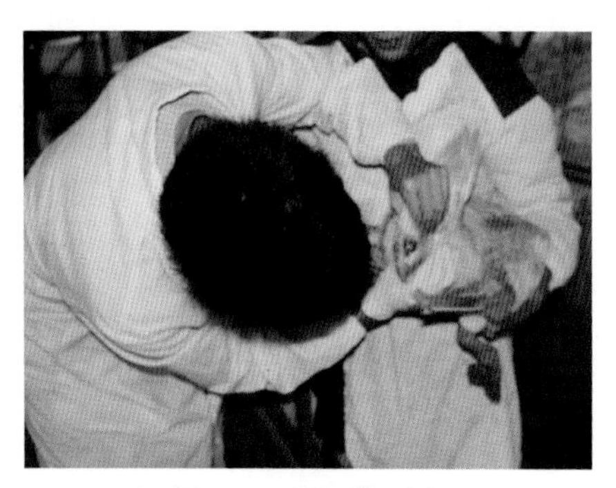

图5-2 翻肛鉴别法

3. 成鹅期 至3 ~ 4月龄时公鹅的阴茎已逐渐发育成熟，成熟的阴茎长约6厘米、粗约1厘米，它是由一对左右纤维淋巴体组成，分基部和游离部（但有的鹅因饲养管理欠佳或营养不良，阴茎未成形，有的甚至与育雏期时相同）。鉴别时，技术操作同育成期，手指微用力，阴茎即可伸出。正常的阴茎弹性良好，比较容易伸出和回缩。如见在其中部或根部有结节，则可能是患大肠杆菌病或其他疾病，可依据具体情况予以淘汰处理或治疗后继续留用。如翻开泄殖腔，只见有雏形的皱襞则为母鹅，经产母鹅较为松弛，很容易翻开。

（二）外形鉴别法

1. 雏鹅期 公雏和母雏在出雏时就存在着一些差异。一般来说，公雏体格较大、喙长宽、身较长、头较大、颈较长、站立的姿势较直；母雏体格较小，喙短而窄、身体圆形、腹部稍向下，站立的姿势稍斜。

2. 育成期和成鹅期 随着日龄的增长，公母鹅外形的差异日渐显著，公鹅的外貌特征日益突出，至成鹅期已非常明显。表现为体型较大，喙长而钝，颈粗长；胸深而宽，背宽而长，腹部平整，胫较长，有额头的品种公鹅额头明显大于母鹅。相对公鹅而言，母鹅的体型较为轻秀，身长而圆，颈细长，前躯较浅窄，后躯深而宽（产蛋期腹部下垂尤为明显），臀部宽广，腿结实，距离宽。

（三）动作鉴别法

至成鹅期公母鹅在动作行为上表现出很大的差异，可通过动作来判断公母。一般来说，群鹅中，头鹅多为公鹅，并表现出凶悍、威猛，能起到看家护院的作用。在群体饲养时，个别公鹅可能出现独霸某一只或几只母鹅的现象，或不让其他公鹅进入其领地的行为。相比较而言，母鹅则比较温驯。

（四）鸣声鉴别法

公鹅的鸣声高、尖、清晰、宏亮；而母鹅的鸣声低、粗，较为沉浊。

三、后备种鹅的饲养与管理

（一）后备种鹅的饲养方式

后备种鹅育成期饲养主要有三种方式，即完全放牧饲养、放牧与补饲结合、完全舍饲饲养。有条件的种鹅场多数采用放牧加补饲的饲养方式，这种方式所用饲料与工时最少，经济效益好（图5-3）。如果放牧地面积较大或牧草质量较好，应采取完全放牧的形式，完全舍饲主要适于集约化饲养时采用。东北地区在寒冷季节饲养种鹅多采用完全舍饲。如果放牧地面积较小，可采取放牧加补饲方式饲养。

后备种鹅育成期饲养的关键是抓好放牧，放牧场地要有足够数量的青饲料，对草质要求比雏鹅放牧的标准低些。一般来说，300只左右育成鹅群需自然草地7公顷左右或人工草地3公顷左右。有条件的种鹅场可实行分区轮牧，第1天开始在一块草地，间隔15天移至另一

图5-3 放牧加补饲

块草地，把草地的利用与保护结合起来。放牧的时间应尽量延长，早出晚归或早放晚宿。一般每天放牧9小时左右，以适应鹅多吃快拉的特点。放牧鹅常呈狭长方形队阵，出牧和收牧时赶鹅速度宜慢。放牧面积较小、草料多时，鹅群要靠紧些，反之则要放散些，让其充分自由采食。育成种鹅的游泳也要充足，除每次吃饱后游泳以外，在天气较热时应及时增加游泳次数。如果放牧能吃饱，可以不补饲；如吃不饱或者正在换羽，应该给予适当补饲。补饲时间通常安排在傍晚。

如果采取全舍饲，则采用全价配合饲料，另外补饲一定量粗饲料，如补饲青贮玉米秸250克左右，补饲黄贮玉米秸100 ～ 150克，补饲优质牧草200克左右。

（二）后备种鹅的控制饲养阶段

1. 控制饲养的目的 此阶段一般从120日龄开始至开产前50 ～ 60天结束。后备种鹅经第二次换羽后，如供给足够的饲料，经50 ～ 60天便可开始产蛋。但此时由于种鹅的生长发育尚不完全，个体间生长发育不整齐，开产时间参差不齐，导致饲养管理十分不方便。加上过早开产的蛋较小，母鹅产小蛋的时间较长，种蛋的受精率低，达不到蛋的种用标准，降低经济效益。因此，这一阶段应对种鹅控制饲养，达到适时开产日龄，比较整齐一致地进入产蛋期。

2. 控制饲养的方法 目前，种鹅的控制饲养方法主要有两种。一种是减少补饲日粮的喂料量，实行定量饲喂；另一种是控制饲料的质量，降低日粮的营养水平。大多数采用后者，但一定要根据条件灵活掌握饲料配比和喂料量，既能维持鹅的正常体质，又能降低种鹅的饲养费用。

在控料期应逐步降低饲料的营养水平，每天的喂料次数由3次改为2次。尽量延长放牧时间，逐步减少每次给料的喂料量。控制饲养阶段，母鹅的日平均饲料用量一般比生长阶段减少50%～ 60%。饲料中可添加较多的填充粗料（如米糠、曲酒糟、啤酒糟等），目的是锻炼鹅的消化能力，扩大消化道容量。后备种鹅经控料阶段前期的饲养锻炼，利用青粗饲料的能力增强，在草质良好的牧地可不喂或少喂精饲料。在放牧条件较差的情况下每天喂料2次。

（三）后备种鹅的恢复饲养

经控制饲养的种鹅，应在开产前60天左右进入恢复饲养阶段。此时，种鹅的体质较弱，应逐步提高补饲日粮的营养水平，并增加喂料量。日粮蛋白质水平控制在15%～17%为宜，经20天左右的饲养，种鹅的体重可恢复到控制饲养前期的水平。种鹅开始陆续换羽，为了使种鹅换羽整齐和缩短换羽时间、节约饲料，可在种鹅体重恢复后进行人工强制换羽，即人为地拔除主翼羽和副主翼羽。拔羽后加强饲养管理，适当增加喂料量，使后备种鹅能一致地进入产蛋期。公鹅的拔羽期可比母鹅早2周左右进行。

（四）后备种鹅的管理

1. 做好防疫工作 采用放牧方式的后备育成种鹅，应及时注射禽流感、禽霍乱疫苗。在放牧中，如发现邻区或上游放牧的鹅群或分散养鹅户发生传染病时，应立即转移鹅群到安全地点放牧，以防发生传染病。不要到工业排放污水的沟渠游泳，对喷洒过农药、施过化肥的草地、果园、农田，应经过10～15天后再放牧，以防鹅中毒。每天均要清洗食槽和水槽，定期更换垫草，定期搞好舍内外和场区的清洁卫生。

2. 公母分群，限制饲养 限制饲养从90日龄开始到180日龄左右，公鹅和母鹅应分开饲养管理，这样既可适应各自的不同饲养管理要求，还可防止早熟种鹅滥交乱配。这一阶段应实行限制饲养，只给维持饲料。这样既可控制后备种鹅产蛋过早，使开产期比较一致；又可锻炼其耐粗饲能力，降低饲料成本。母鹅限制饲养要控制在换羽结束至开始产蛋前1个月。

3. 后期防疫接种，恢复饲养 后备种鹅育成后期是从180日龄左右起到开产，历时约1.5个月。这一阶段的重要工作之一是进行防疫接种，注射禽流感疫苗和小鹅瘟疫苗。一般在种鹅产蛋前注射，一次注射后，整个产蛋季节都有效（图5-4）。可选用可调连续注射器（图5-5）进行免疫注射。在饲养上要逐步由粗变精，让鹅恢复体力，促进生殖器官的发育。这时的恢复饲养只定时不定量，做到饲料多样化、青饲料充足，增喂矿物质饲料。临产母鹅全身羽毛紧贴、光泽鲜明，尤其颈羽显得光滑紧凑，尾羽与背羽平伸，后腹下垂，耻骨开张，行动迟缓，食欲大增，喜食矿物质饲料，有求偶表现，想窝念巢。后备种公鹅的精料补饲应提早进行，促进其提早换羽，以便在母鹅开产前期已有充沛的体力和旺盛的食欲。

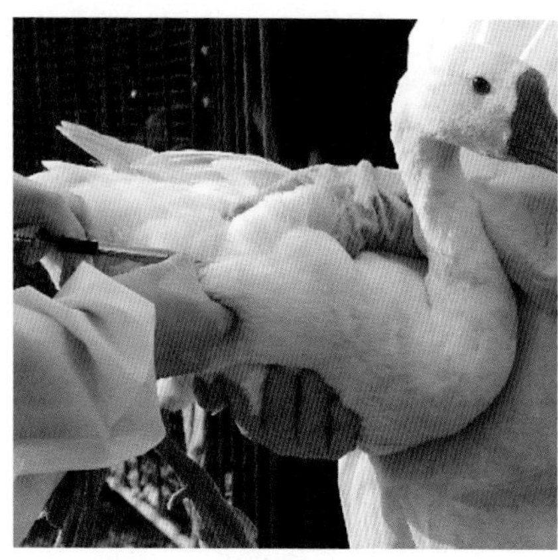

图5-4　给后备鹅注射疫苗

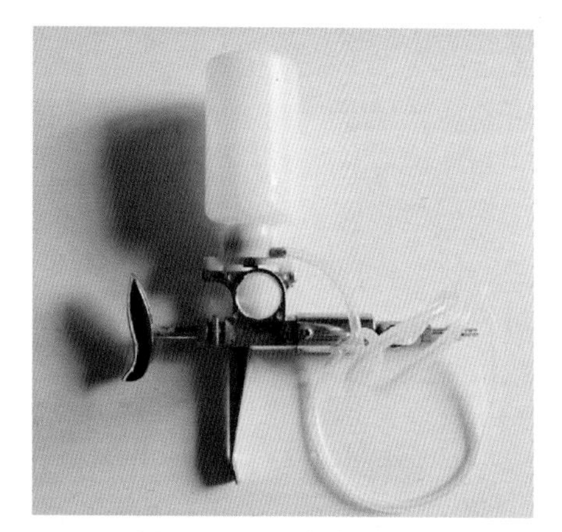

图5-5　可调连续注射器

鹅

第六章　种鹅饲养新技术

一、种鹅的生理特点

种鹅繁殖规律的最大特点就是有明显的季节性。一般从当年的秋末开始，直到次年的春末为母鹅的产蛋期。公母鹅有固定配偶的习性。据观察，有的鹅种40%的母鹅和22%的公鹅是单配偶。鹅的繁殖规律是在前三年随年龄的增长而逐年提高，到第三年达到最高，第四年开始下降。因此，种母鹅的经济利用年限可长达4 ~ 5年之久，种鹅群以2 ~ 3岁龄的鹅为主组群较为理想。

二、产蛋期的饲养管理

（一）营养搭配

在日粮配合上，采用配合饲料，满足鹅对蛋白质、钙、磷等常规养分的需要。微量元素和维生素数量及比例应适当。饲料中粗蛋白质水平应在16.5% ~ 18%。

喂料要定时定量，精料结合青饲料。精料每天喂量为150 ~ 250克，刚开始进入产蛋期时每天饲喂量为150克，慢慢增至250克，上午和下午各饲喂一次。饲草充足时每天每只补充250 ~ 500克青草。补饲量是否恰当，可根据鹅粪情况来判断。如果粪便粗大、松软、呈条状，轻轻一拔就分成几段，说明鹅采食青草多，消化正常，用料适当；如果粪便细小、结实、断面层粒状，说明鹅采食青草较少，补饲量过多，消化吸收不正常，容易导致鹅体过肥，产蛋量反而不高，可以适当减少补饲量；如果粪便色浅而不成形，排出即散开，说明补饲量过少，营养物质跟不上，应增加补饲量。

（二）饲养方式

规模化养鹅场的种鹅多采用全舍饲的方式饲养，鹅舍内建有清粪道（图6-1），利用刮粪板机械清粪（图6-2）。要加强戏水池水质的管理，保持清洁。舍内和舍外运动场要每日打扫，定期消毒。每日采用固定的饲养管理制度。

图6-1　修建中的种鹅舍清粪道

图6-2　刮粪板牵引装置

小规模和单品种饲养种鹅，采用放牧与补饲相结合的饲养方式比较适合，晚上赶回圈舍过夜。放牧时应选择路近而平坦的草地，慢慢驱赶，上下坡时不可让鹅争抢拥挤，避免损伤（图6-3）。产蛋期的母鹅行动迟缓，在出入鹅舍、下水时，应呼号或用竹竿稍加阻挡，使其有秩序地出入棚舍或下水。放牧前要熟悉当地的草地和水源情况，掌握农药使用情况。一般春季放牧采食各种青草、水草，夏、秋季主要放牧麦茬地、收割后的稻田，冬季放牧湖滩、沟边、河边（图6-4）。不能让鹅群在污秽的沟水、塘水、河水等内饮水、洗浴和交配。种鹅喜欢在早晚交配，在早晚各放水一次，有利于提高种蛋的受精率。

（三）防止产窝外蛋

母鹅有择窝产蛋的习惯，第一次产蛋的地方往往成为它一直固定产蛋的场所。因此，在产蛋鹅舍内应设置产蛋箱（窝），以便让母鹅在固定

图6-3　放牧鹅及放牧草地

图6-4　带水天然种鹅放养地

图6-5　回箱产蛋

的地方产蛋。开产时可有意训练母鹅在产蛋箱（窝）内产蛋。可以用引蛋（在产蛋箱内人为放进的蛋）诱导母鹅在产蛋箱（窝）内产蛋（图6-5）。母鹅的产蛋时间大多数集中在下半夜至上午10时左右，个别的鹅在下午产蛋。舍饲鹅群每日至少集蛋3次，上午2次，下午1次。放牧鹅群上午10时以前不能外出放牧，在鹅舍内补饲，产蛋结束后再外出放牧。而且上午放牧的场地应尽量靠近鹅舍，以方便部分母鹅回箱（窝）产蛋。这样可减少母鹅在野外产蛋而造成种蛋丢失和破损。放牧前检查鹅群，如发现个别母鹅鸣叫不安、腹部饱满、尾羽平伸、泄殖腔膨大、行动迟缓、有觅窝的表现，应将其送到鹅舍产蛋箱（窝）内产蛋，待产完蛋后就近放牧。

（四）控制就巢性

就巢的发生和环境有很强的相关性，应增加母鹅在室外的活动时间。一般白天非产蛋时间均应让鹅在室外活动。如果发现母鹅有恋巢行为，应及时隔离，关在光线充足、无垫草的围栏中，只给饮水不给料，2 ～ 3天后饲喂一些粗纤维饲料，使其体重不过度下降，待醒抱后能迅速恢复产蛋。也可使用市场上出售的“醒抱灵”等药物，一旦发现母鹅抱窝时，立即服用，有明显的醒抱效果。

（五）补充人工光照

1. 光照的作用 光照时间的长短及强弱以不同的生理途径影响家鹅的生长和繁殖，对种鹅的繁殖力有较大的影响。光照可分为自然光照和人工光照两种。人工光照的广泛应用可克服日照的季节局限性，能够创造符合家鹅繁殖生理功能所需要的昼长光照。人工光照在养鸡、养鸭生产中已被广泛应用，但在养鹅生产还未被广大养鹅户所认识和应用。光照管理恰当，能够提高鹅的产蛋量和种蛋受精率，取得良好的经济效益。

2. 光照制度 开放式鹅舍的光照受自然光照的影响较大，因此，光照制度必须根据鹅群生长发育的不同阶段分别制定。

（1）育雏期 为使雏鹅均匀一致地生长，0 ～ 7日龄提供24小时的光照时间，8 ～ 14日龄以后则应从24小时光照逐渐过渡到只利用自然光照。光照强度0 ～ 7日龄每15米^{2}用1只40瓦灯泡，8 ～ 14日龄换用25瓦灯泡，高度距离鹅背部2米左右。

（2）育成期 只利用自然光照。

（3）产蛋前期及产蛋期 种鹅临近开产期，用6周的时间逐渐增加每日的人工光照时间，使种鹅的光照时间（自然光照+人工光照）达到16 ～ 17小时，此后一直维持到产蛋结束。

三、休产鹅饲养管理

（一）整群与分群

整群，就是重新整理群体；分群，就是整群后把公母鹅分开饲养。鹅群产蛋率下降到5%以下时，标志着种鹅将进入较长的休产期。种鹅一般利用3 ～ 4年才淘汰。休产时要将伤残、患病、产蛋量低的母鹅淘汰，并按比例淘汰公鹅。同时，为了使公母鹅能顺利地在休产期后达到最佳的体况，保证较高的受精率，以及保证活拔羽绒及其以后的管理方便，要在种鹅整群后将公母鹅分群饲养。

（二）强制换羽

在自然条件下，母鹅从开始脱羽到新羽长齐需较长的时间，换羽有早有迟，产蛋也有先有后。为了缩短鹅换羽的时间，使换羽后产蛋比较整齐，可采用人工强制换羽。

人工强制换羽是通过改变种鹅的饲养管理条件，促使其换羽。一般采用停止人工光照，停料2 ~ 3天，只提供少量的青饲料，并保证充足的饮水；第4天开始喂给由青料加糠麸、糟渣等组成的青粗饲料；第10天左右试拔主翼羽和副翼羽，如果试拔不费劲，羽根干枯，可逐根拔除，否则应隔3 ~ 5天后再拔（图6-6）；最后拔掉主尾羽。

图6–6　拔除到羽根不带血的羽毛时即可拔毛

在规模化饲养的条件下，鹅群的强制换羽通常与活拔羽绒结合进行。即在整群和分群结束后，采用强制换羽的方法处理1周左右后对鹅群实施活拔羽绒。一般9周后还可再次进行活拔羽绒。这样可以提高经济效益，并使鹅群开产整齐，利于管理。

（三）休产期饲养管理要点

休产期将产蛋期的精料日粮改为粗料日粮（糠麸等），从而进入休产期。粗饲的目的是使母鹅消耗体内的脂肪，促使羽毛干枯而容易脱换一致。通过粗饲还可以大大提高鹅群的耐粗饲能力，降低饲养成本。

粗饲期若不进行人工拔羽，在自然换羽期间应改喂育成期料，并按育成期要求限量供应。在限饲过程中，要定期称重，以使其生长发育符合标准生长曲线。青绿饲料自由采食，充分供应。

粗饲期如果要进行人工拔羽，则可将其分为几个阶段。

（1）换羽期的饲养管理　在粗饲条件下，公鹅换羽期比母鹅早10 ~ 15天，此时可将公母鹅分群饲养管理。每天逐步减少精料喂量，4 ~ 5天后停止喂精料而改喂糠麸等粗料。喂饲次数可减到每天一次，然后再每2天一次，逐渐转入每3 ~ 4天一次。但每天的饮水必须充分供应。经12 ~ 13天，鹅体逐渐消瘦，体重减轻约1/3（图6-7），主翼羽与主尾羽出现干枯现象，此时就可以恢复喂料了。喂料量可每天2次，每次每只喂糠麸125克左右，连喂3 ~ 5天，待鹅体重逐渐回升，健康恢复，便可进入拔羽期。

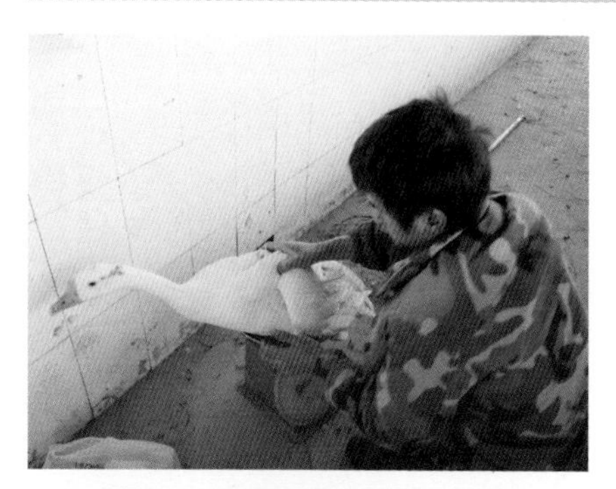

图6-7　体重减轻20%～30%

图6-8　活拔羽毛

（2）拔羽期的饲养管理　人工拔羽可以缩短换羽时间，使种鹅换羽时间一致，开产时间一致。判断可否拔羽的标志是：换羽期后经2～3周的恢复，鹅群行动敏捷一致，走路距离靠近，精神状态良好，说明鹅群健康恢复一致，这时可进行拔羽。否则不能拔羽。拔羽时间应选在天气温暖的晴天进行。

拔羽方法可采用按地法：操作者左手提住鹅的头颈部，右手捉住鹅的两脚向后拉，把鹅按在地上，然后用右脚踏住鹅的双脚，左脚大姆指与第二趾轻轻固定鹅颈，左手握住鹅翅膀，右手用力拔掉左右主翼羽和主尾羽（图6-8）。对已自行换羽的鹅，不必再拔。

（3）拔羽后的饲养管理　拔羽后应加强饲养管理。拔羽后的头两天不能让鹅群下水游泳，只能在运动场内喂料、喂水和休息等，以防止细菌感染。拔羽后的第三天才能放鹅下水，但要注意防寒保暖，避免烈日曝晒和雨淋，加强护理，下水时间不能过长。拔羽后要增加新鲜青饲料的供应，并增加精饲料的喂量，每日补喂精饲料2次。拔羽鹅与未拔羽鹅应分开饲养，以避免打斗或啄伤。

四、种公鹅的饲养管理

“母鹅好，好一窝，公鹅好，好一坡”。在生产实践中，搞好种公鹅的饲养管理十分重要。

（一）种公鹅的体况要求

种公鹅体况的总体要求是：体格高大匀称，体质健状结实，中等膘情，羽毛紧密，性欲旺盛，精液品质良好。

（二）种公鹅的饲养方案

1. 种公鹅的饲养特点　种公鹅饲养特点是饲料多样、营养全面、长期稳定，保持种用体况；在配种前1.5～2个月要逐渐增加营养物质，以保证良好的精液品质。

2. 非配种期饲养　非配种期6～10月份，此期虽无配种任务，但仍不能忽视饲养管理工作，除坚持放牧外，应适当补饲混合精料，以满足其能量、蛋白质、矿物质和维生素的基本需要。

3. 配种期饲养　此期可分为配种前期（1.5～2个月）、配种期（7～8个月）两个阶段。

（1）配种前期　此期除放牧外，种公鹅应较母鹅提前10～15天补饲。补饲时应逐渐增加精饲料喂量，先按配种期饲喂量的60%～70%投放，经2～3周达到正常喂量。

（2）配种期　11月份至翌年5月份为配种期。此期种公鹅消耗营养和体力最大，日粮要求营养丰富全面，饲料种类多样化、适口性好、易消化。特别是蛋白质、矿物质和维生素要充分满足。配种期种公鹅日粮中蛋白质水平应增加到18%～19%。精液中钙、磷较多，必须补充，还要注意微量元素锌、铜、锰、铁的供应量。维生素A、维生素E及B族维生素对精液生成及品质有很大的影响，在冬春季节青草缺乏时要注意补充。最好补饲全价颗粒饲料。

配种期种公鹅饲粮定额大致为：颗粒料150～200克，青料1.5～2千克，草料每日分2～3次饲喂。同时给予清洁饮水。种公鹅不能长得过肥，否则会影响配种，如公鹅体重超标，就要酌情减少精料饲喂量。

（三）种公鹅的管理要点

(1) 要补充光照。光照能激发公鹅促性腺激素的分泌，刺激睾丸精细管发育，促使后备公鹅达到性成熟。

(2) 公鹅早晚性欲最旺盛，在每天早晚交配。因此在早、晚应各放水一次，让其嬉水交配，有利于提高种蛋受精率。

(3) 放牧前要了解当地草地和水源状况，农药使用情况。切忌将种鹅群放入污染的水塘、河渠内饮水、洗浴和交配。

(4) 少数公鹅有择偶习性，这会减少与其他母鹅配种的机会，应及时隔离这样的公鹅，经1个月左右，方能克服而与其他母鹅交配。

（5）在配种季节公鹅有互相啄斗争雄行为，影响配种，甚至因争先配种而格斗致伤，应及时制止。

五、反季节繁殖种鹅饲养管理

（一）反季节繁殖的概念

鹅在传统的饲养方式下，一般繁殖活动呈现出强烈的季节性，表现为从每年的7 ～ 8月份进入繁殖期，至次年的3 ～ 4月份进入休产期，产蛋高峰期为11月份至次年2月份。研究表明，公鹅在母鹅休产的季节，表现为生殖系统萎缩、精液品质严重下降等。通过人工光照制度、饲料营养、活拔羽绒等技术措施，可使种鹅在非繁殖季节产蛋、繁殖，繁殖季节休产，称为反季节繁殖。这是一项通过环境控制调整鹅繁殖季节和周期的技术。

（二）反季节繁殖技术

1. 适时留种　种鹅的第一个产蛋年开始的时间与品种关系密切，如四川白鹅180日龄左右开产，朗德鹅230日龄左右开产。因此，要使母鹅在4月份开产，6月龄开产的品种应在上一年11月份出壳的苗鹅中留种。朗德鹅应在8月上旬出壳的苗鹅种留种，其他品种依开产年龄类推（图6-9）。

图6-9　反季节繁殖种鹅群

2. 光照程序　实现鹅反季节繁殖的最关键的因素是调整光照程序。具体做法：在冬季延长光照，在12月份至次年1月中旬在夜间给予鹅人工光照，加上白天所接受的自然光照，使一天内鹅经历的总光照时间达到18小时（图6-10）；用长光照持续处理约75天后，将光照缩短至每天11小时的短光照（图6-11）。鹅一般于处理后1个月左右开产，并在1个月内达到产蛋高峰。在春夏继续维持短光照制度，一直维持到12月份，此时再把光照延长到每天18小

图6-10 反季节鹅舍舍内光照

图6-11 反季节鹅舍舍内遮光窗帘

时，就可以再次诱导种鹅进入“非繁殖季节”，从而实施下一轮的反季节繁殖操作。

3. 其他配套技术

（1）建筑专用的封闭式鹅舍，并设专门的通风和降温系统。一般可在鹅舍墙壁或者屋顶安装风机进行通风换气（图6-12），或者采用水帘在进行负压通风时进一步降温（图6-13）。

图6-12 反季节鹅舍舍外风机

图6-13 反季节鹅舍降温水帘

（2）在夏季，应在产蛋料中添加多种维生素、碳酸氢钠或其他抗应激类饲料添加剂，以增强母鹅的体质，缓解热应激的不良影响。

（3）利用种鹅正反季互补生产，实施肉鹅全年均衡供应技术。种鹅反季节繁殖实现了非繁殖季节鹅苗的供应，通过正反季节种鹅交互生产并供应雏鹅，能真正实现肉鹅全年均衡生产。具体方法为：①培育专门的反季节种鹅，于每年9～11月份留种鹅苗，5～6月龄时（即次年的

2～3月份）实施强制换羽，到次年4月份开产，12月份停产。②将常规饲养的种鹅转变为反季节种鹅，正常季节选留的种鹅，于9月份开产，种鹅开产4个月后即次年1月份进行整群，停料使其停产，进行强制换羽，经60～90天的恢复后，种鹅4月份重新开产至12月底停产。③将正常季节产蛋的种鹅多批次搭配饲养：在秋季延迟2个月种鹅进入繁殖季节，同时利用另一群种鹅，在夏季比正常情况提前2个月进行繁殖，这两种结合安排，能够进行全年均衡供应。

鹅

第七章　鹅的营养与饲料

一、鹅的营养需要

营养与饲料是养鹅生产的基础，饲料成本约占养殖总成本的60%左右。因此，了解鹅的营养需要特点和常用饲料特性，根据鹅的生理特点和生产目标配制日粮，对于提高养鹅生产水平和经济效益有着重要意义。

鹅的营养需要包括维持需要（用以维持其健康和正常生命活动）和生产需要（用于产蛋、产肉、长羽和肥肝等）。所需的主要营养物质包括能量、蛋白质、矿物质、维生素和水等。

（一）能量

能量是鹅一切生命活动的基础。能量摄入超过机体需要时，多余部分会转化为脂肪在体内储存。能量主要来源于饲料碳水化合物、脂肪和蛋白质。

碳水化合物是植物性饲料的主要组成部分，包括淀粉、单糖、双糖和纤维素等，是鹅能量的最主要来源。粗纤维不仅是鹅的能量来源，而且可以起到填充消化道、刺激胃肠发育和蠕动等作用，在鹅饲料中5%～10%粗纤维水平较为适宜。

脂肪的营养生理作用主要包括以下四方面：一、是构成机体组织的重要组成部分，参与细胞构成和修复；二、脂肪能值高，是鹅的优质能量来源；三、是必需脂肪酸（亚油酸、亚麻酸和花生四烯酸等）的重要来源；四、作为维生素的溶剂促进脂溶性维生素（维生素A、维生素D、维生素E、维生素K）的吸收。肉鹅饲料添加1%～2%的脂肪可满足其能量需求，同时可提高能量利用效率和抗热应激能力。

同鸡、鸭等其他家禽一样，鹅也具有“为能而食”的特点，在自由采食情况下，可在一定范围内根据日粮能量浓度调节采食量。因此，鹅能适应饲料中较宽的能量浓度范围而不影响其增重，但日粮能量水平不宜过高或过低。

（二）蛋白质

蛋白质是鹅必需的营养物质，不能由其他营养物质替代。蛋白质的营养价值取决于所含氨基酸的种类和比例，这些氨基酸可分为必需氨基酸和非必需氨基酸。必需氨基酸是维持正常生理功能、产肉和繁殖所必需的，动物自身不能合成或合成数量与速度不能满足正常生理需要，必需由饲料中供给的氨基酸。鹅的必需氨基酸包括蛋氨酸、赖氨酸、色氨酸、苏氨酸、精氨酸、亮氨酸、异亮氨酸、胱氨酸、苯丙氨酸、组氨酸、缬氨酸、甘氨酸、酪氨酸等13种。任何一种必需氨基酸缺乏均会影响鹅的生长发育。非必需氨基酸指动物自身能够合成或需要较少，不必从饲料中取得的氨基酸。

研究表明，0～4周龄四川白鹅各种氨基酸的总需要量（占日粮的百分比）为蛋氨酸0.35%、赖氨酸1.15%、苏氨酸0.57%、色氨酸0.22%，5～10周龄四川白鹅各种氨基酸的总需要量（占日粮的百分比）为赖氨酸0.75%、蛋氨酸0.32%、苏氨酸0.38%、亮氨酸0.53%、异亮氨酸0.33%、精氨酸0.47%、缬氨酸0.55%。

蛋白质也可转化为能量，但一般在鹅能量供应不足的情况下才分解供能，其能量效率不及脂肪和碳水化合物。通常情况下，成年鹅饲料粗蛋白水平以15%左右为宜，雏鹅为20%左右。

（三）矿物质

矿物质是鹅正常生长、繁殖和生产过程中不可缺少的营养物质。在鹅体内具有生理功能的必需矿物元素有22种。根据占鹅体重的百分比，可将矿物元素分为常量元素（占0.01%以上）和微量元素（占0.01%以下）。鹅需要的常量元素主要有钙、磷、钠、氯、钾、镁、硫等，微量元素主要有铁、铜、锌、锰、碘、钴、硒等。

1. 常量元素

（1）钙和磷　钙和磷是鹅需要量最多的两种矿物质，约占矿物质总量的65%～70%。钙磷主要以磷酸盐、碳酸盐的形式存在于鹅的组织、器官、血液，尤其是骨骼和蛋壳。钙的主要功能是构成骨骼、蛋壳成分，参与维持神经、肌肉的正常生理活动，促进血液凝固，并且是多种酶的激活剂。雏鹅缺钙易患软骨病，关节肿大、骨端粗大，腿骨弯曲或瘫痪，有时胸骨呈S形；种鹅缺钙，蛋壳变薄，软壳蛋和畸形蛋增多，产蛋率和孵化率下降。磷不仅参与骨骼形成，而且参与碳水化合物与脂肪代谢，维持细胞膜功能和保持酸碱平衡等。缺磷时，鹅食欲减退，生长缓慢、饲料利用率降低、严重时关节硬化。

一般认为，生长鹅饲料钙磷比约为2 ∶ 1，其中钙为0.8%～1%，有效磷为0.4%～0.5%；产蛋鹅饲料钙磷比为6 ∶ 1，其中钙为2.5%～3%，有效磷为0.4%～0.5%。此外，日粮供给充足的维生素D，有利于钙磷的吸收。

（2）钠、氯、钾　钠、氯主要存在于体液和软组织中。钠不仅能维持鹅体内酸碱平衡，保持细胞和血液间渗透压的平衡，调节水盐代谢，维持神经肌肉的正常兴奋性，还有促进鹅生长发育的作用。氯具有维持渗透压、促进食欲和帮助消化等作用。钾具有钠类似的作用，与维持水分和渗透压的平衡有着密切关系，对红细胞和肌肉的生长发育有着特殊作用。鹅对钠、氯的需要通过添加食盐满足，其添加量以0.25%～5%为宜。钾的需要量一般以占日粮0.2%～0.3%为宜。

（3）镁　镁是鹅体内含量较高的矿物元素，在参与维持神经、肌肉兴奋性方面起着重要作用。镁缺乏时，鹅出现肌肉痉挛、步态蹒跚、生长受阻、产蛋量下降等症状。鹅饲料中镁添加量在500～600毫升/千克即可满足需要。

2. 微量元素　见表7-1。

表7-1　微量元素功能、缺乏症及需要量

名　称	功　　能	缺乏症	需要量（毫克／千克）
铁	血红蛋白、肌红蛋白和细胞色素及多种辅酶的成分，参与红细胞运送氧、释放氧、生物氧化供能等	鹅食欲不振，贫血和羽毛生长不良等	0～60

（续）

名　称	功　　能	缺乏症	需要量（毫克／千克）
铜	酶的组成部分，参与体内血红蛋白合成及某些氧化酶的合成与激活，促进血红蛋白吸收和血红蛋白的形成	雏鹅发生贫血，骨质疏松，羽毛褪色等	8
锌	多种酶的成分，影响骨骼和羽毛生长，促进蛋白质合成，调节繁殖和免疫机能	食欲不振，生长停滞，关节肿大，羽毛发育不良；产软壳蛋，产蛋量和孵化率下降等	40～80
锰	蛋白质、脂肪和碳水化合物代谢酶类的组成部分，参与骨骼形成和养分代谢调控	骨骼发育不良，出现骨粗短症，并可引发神经症状，共济失调；母鹅产蛋量与种蛋受精率降低	40～80
钴	维生素B_{12}的组成成分	贫血，骨粗短症，关节肿大；母鹅产蛋率下降，种蛋受精率和孵化率下降	1～2
碘	甲状腺素的重要组成成分，并通过甲状腺素发挥其生理作用，对细胞的生物氧化、生长和繁殖以及神经系统的活动均有促进作用	鹅生长受阻，甲状腺肿大；种鹅产蛋量减少，种蛋受精率和孵化率下降	20
硒	谷胱甘肽过氧化物酶的成分，具有抗氧化功能，有助于清除自由基，保护细胞膜等作用	动物生长迟缓，渗出性素质，肌营养不良、白肌病，肝坏死	0.15

3. 维生素　维生素是动物维持正常生理活动和生长、繁殖等所必需而需要量极少的一类低分子有机化合物。维生素可分为脂溶性维生素和水溶性维生素两大类。脂溶性维生素包括维生素A、维生素D、维生素E、维生素K。这类维生素与脂肪同时存在，如果条件不利于脂肪吸收，维生素的吸收也受到影响。脂溶性维生素可在体内储存，一般较长时间缺乏才会出现缺乏症。水溶性维生素包括B族维生素（维生素B_1、维生素B_2、维生素B_6、维生素B_{12}、泛酸、叶酸、胆碱、烟酸、生物素等）和维生素C。除维生素B_{12}外，其余的水溶性维生素几乎不能在体内储存。绝大多数维生素在体内不能合成或合成量少，不能满足需要，必须由饲料供给。青绿饲料中维生素含量丰富，在供给充足青绿饲料的条件下，一般不会发生维生素缺乏症。

（1）脂溶性维生素　见表7-2。

表7-2　脂溶性维生素的功能、缺乏症及来源

名　称	功　　能	缺乏症	来　　源
维生素A	参与维持正常视觉及对弱光的敏感性，保护呼吸、消化、泌尿系统和皮肤上皮的完整性，促进骨骼生长发育，提高免疫力	易患夜盲症、干眼病，种鹅产蛋量下降、种蛋孵化率降低，免疫力下降	鱼肝油，豆科牧草和青绿饲料含有较多维生素A前体物质——胡萝卜素
维生素D	促进肠道钙、磷吸收，骨骼钙化	生长缓慢，佝偻病和腿畸形，蛋壳变薄，孵化率低	动物肝脏，牧草和动物经太阳光照射，可将其所含前体转化为维生素D
维生素E	抗氧化，维护生物膜完整性，保护生殖机能，提高免疫力和抗应激能力，并与神经、肌肉组织的代谢有关	繁殖功能紊乱，胚胎退化，种蛋受精率和孵化率下降，脑软化，肌肉营养不良（白肌病），免疫和抗应激能力下降	谷类粮食，绿色饲料，优质干草
维生素K	参与凝血活动	凝血时间延长，皮下或肌肉发生出血，小伤口不易止血，创面的愈合时间延长	青绿饲料，肝、蛋、鱼粉

（2）水溶性维生素　见表7-3。

表7-3　水溶性维生素的功能、缺乏症及来源

名　称	功　　能	缺乏症	来　　源
维生素B_1	参与碳水化合物代谢，抑制胆碱酯酶活性，减少乙酰胆碱水解，促进胃肠蠕动和腺体分泌	多发性神经炎	酵母，谷物
维生素B_2	以辅基形式与特定酶蛋白结合形成多种黄素蛋白酶，进而参与碳水化合物、脂肪和蛋白质代谢	腿部瘫痪，蹼弯曲呈拳状，跗关节着地，用跗关节行走，皮肤干燥而粗糙；种鹅腹泻、垂翅，产蛋率和种蛋孵化率降低	绿色的叶子，鱼粉，饼粕，酵母，乳清，酿酒残液，动物肝脏
维生素B_6	参与碳水化合物、脂肪和蛋白质代谢，与红细胞生成和内分泌有关	生长缓慢，羽毛发育不良，贫血，繁殖力下降，抽搐	酵母，肝、肌肉、乳清，谷物及其副产物和蔬菜

（续）

名称	功能	缺乏症	来源
维生素B_{12}	参与核酸和蛋白质合成，促进红细胞形成、发育成熟，维持神经系统的完整	生长缓慢，羽毛粗乱，贫血，肌胃糜烂，饲料转化效率低	骨粉、鱼粉、肝脏、肉粉
烟酸	参与碳水化合物、脂类和蛋白质代谢，尤其在体内供能代谢中起重要作用	食欲减退，生长迟缓，羽毛不丰满、蓬乱，口腔和食管上部易发生炎症，皮肤和脚偶尔有鳞状皮炎，骨粗短，关节肿大；成年鹅发生“黑舌病”，羽毛脱落，产蛋率下降，生长不良	动物性产品，酒糟，发酵液以及油饼类饲料
泛酸	参与碳水化合物、脂肪和氨基酸代谢	雏鹅生长受阻，羽毛松乱、生长不良，进而表现为皮炎，眼睑出现颗粒状小节痂并粘连，皮肤和黏膜变厚和角质化；种鹅繁殖力下降，孵化过程中胚胎死亡率升高	苜蓿，花生饼，糖蜜，酵母，米糠和小麦麸，谷物种子等
叶酸	参与蛋白质和核酸代谢，促进红细胞和血红蛋白形成，维持正常免疫功能	生长不良，羽毛褪色，出现血红细胞性贫血与白细胞减少，产蛋率、孵化率下降，胚胎死亡率高	广泛存在于动植物产品中
生物素	以辅酶的形式参与碳水化合物、脂肪和蛋白质的代谢	生长缓慢，喙、眼睑、泄殖腔周围及趾蹼部有裂口，发生皮炎，胫骨粗短，孵化率降低，胚胎骨骼畸形，呈鹦鹉嘴症	广泛分布于动植物中
胆碱	参与脂肪代谢，防止脂肪肝的形成；作为神经递质组成部分，参与神经信号传导	胫骨粗短，关节变形，出现滑腱症，生长迟缓；种鹅产蛋率下降，死亡率升高	肝，鱼粉，酵母，豆饼及谷物籽实
维生素C	参与胶原蛋白的生物合成，影响骨骼和软组织的正常结构，具有解毒和抗氧化功能，能提高机体免疫力和抗应激能力	鹅黏膜发生自发性出血，生长停滞，代谢紊乱，抗感染和抗应激能力降低，蛋壳变薄	青绿饲料和水果

4. 水的营养　水是鹅生命活动必不可少的重要物质，主要分布于体液、组织和器官中。水是各种营养物质的溶剂，参与物质代谢、营养物质吸收、运输及废物排出，缓冲体液的突然变化，调节体温，润滑组织器官等。当体内损失1%～2%水分时，会引起鹅食欲减退，损失10%水分导致鹅代谢紊乱，损失20%则鹅发生死亡。鹅体内水分来源于饮水、饲料水和代谢水，其中饮水是鹅获得水分的主要途径，占机体需要总量的80%以上。

二、鹅的常用饲料

鹅常用饲料包括能量饲料、蛋白质饲料、青绿饲料、矿物质饲料和饲料添加剂等。

（一）能量饲料

系指干物质中粗纤维含量小于或等于18%、粗蛋白小于20%的饲料。能量饲料包括禾谷类籽实、糠麸类、块根茎类及油脂类。

1. 禾谷类籽实　鹅常用的禾谷类籽实饲料包括玉米、小麦、大麦、高粱、稻谷等。其营养特点是能值高、粗纤维含量低，蛋白质品质差，赖氨酸、蛋氨酸和色氨酸等缺乏，钙少磷多，且磷多以植酸磷形式存在，利用效率低。

（1）玉米　玉米能值含量高（代谢能达13.39兆焦/千克），消化率高，号称“能量之王”，是鹅最主要的能量饲料（图7-1）。根据颜色不同，玉米可分为黄玉米和白玉米。黄玉米含有较多胡萝卜素，可作为维生素A的来源。黄玉米还含有叶黄素，有助于蛋黄和皮肤的着色。玉米在鹅饲料中可用到30%～65%。

图7-1　饲用玉米

（2）小麦　小麦能值较高（代谢能达12.5兆焦/千克），但稍低于玉米（图7-2）。粗蛋白含量较高，氨基酸组成优于玉米，但苏氨酸和赖氨酸缺乏，钙磷比例失当。小麦

图7-2 饲用小麦

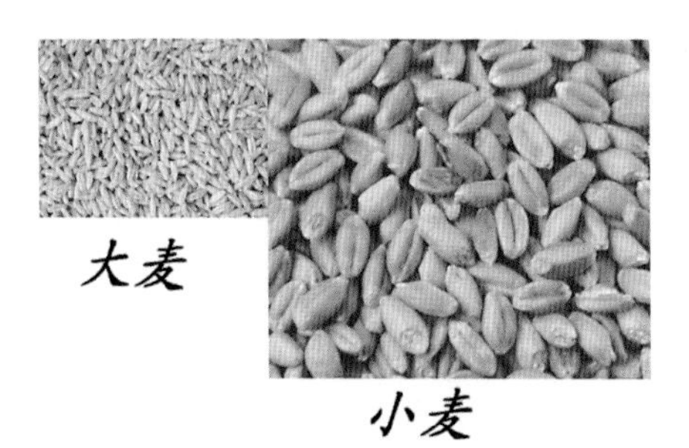

图7-3 大麦、小麦比较

图7-4 高 粱

中含有较高的戊糖，大量使用易引起肠道内容物黏度增加，因此在鹅配合饲料中用量不宜超过30%。使用小麦配制日粮时，配合使用木聚糖酶有利于提高小麦的能量利用效率。近年来，玉米供应短缺，小麦作为能量饲料使用呈现上升趋势。

（3）大麦 大麦有皮大麦和裸大麦之分。大麦能值水平较高（代谢能达11.34兆焦/千克），低于玉米和小麦。大麦皮壳粗硬，难以消化，最好脱壳、破碎或发芽后饲喂（图7-3）。大麦在鹅饲料中用量为10%～25%。

（4）高粱 高粱代谢能含量为12.0～13.7兆焦/千克，低于玉米，蛋白质含量低、品质差（图7-4）。高粱含有单宁等抗营养因子，可降低饲料适口性、蛋白质和矿物质利用率。在鹅饲料中，高粱用量不宜超过15%，但低单宁高粱可适当增加用量。

（5）稻谷 稻谷能值较低（代谢能约为10.77兆焦/千克），粗纤维含量较高，粗蛋白含量比玉米低（图7-5）。稻谷适口性差、可消化率低，鹅饲料中用量不宜超过10%。稻谷去壳后的糙米和制米筛分出的碎米是鹅的优质能量饲料来源。在配制鹅日粮时，糙米可用10%～60%，碎米可用30%～50%。

2. 糠麸类　糠麸类是谷类籽实（如稻谷、小麦等）加工的副产品。其能值较原谷类籽实低，粗蛋白和粗纤维比原谷类籽实高；矿物质丰富，但利用率低，钙磷比例失衡；B族维生素丰富。糠麸类来源广泛、价格便宜，在生产中广泛使用。

图7-5　稻　谷

（1）米糠　米糠是稻谷加工的副产物，其营养价值与出米率有关。米糠所含代谢能较低（约为玉米的一半），粗脂肪含量较高，易氧化酸败，不宜久存（图7-6）。米糠在雏鹅日粮中可用5%～10%，育成鹅可用10%～20%。

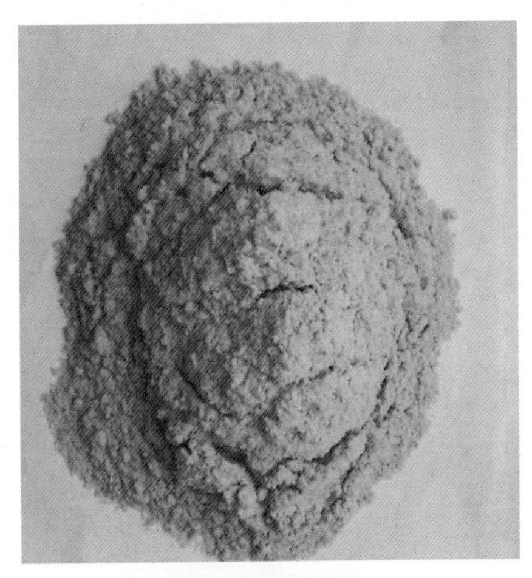
图7-6　米　糠

（2）小麦麸　小麦麸是小麦加工成面粉时的副产品，其营养价值与出粉率有关。小麦麸能值较低，蛋白质含量较高，氨基酸水平与小麦相似，钙少磷多，B族维生素丰富，体积蓬松，有轻泻作用（图7-7）。在鹅日粮中的用量为5%～20%。

（3）次粉　次粉是面粉加工时的副产物，适口性好，营养价值高。与小麦相似，多喂会产生黏嘴现象，但制成颗粒料时则无此问题。次粉在鹅饲料中用量为10%～20%。

3. 块根块茎类　常见的此类饲料主要有甘薯、马铃薯、木薯、胡萝卜等。此类饲料含水量高达70%～90%。干物质中淀粉含量

图7-7　麦　麸

高，粗蛋白和粗纤维含量低，矿物质含量不平衡，钙、磷含量较少，钠、钾含量丰富。在鹅饲粮配制过程中，甘薯粉可占日粮的10%，马铃薯可用10%～30%，木薯用量在10%以下。胡萝卜含有丰富的胡萝卜素（维生素A前体），宜生喂。

4. 油脂类 油脂是“油”和“脂”的总称，根据来源可分为动物油脂（猪油、牛油、禽油等）和植物油脂（豆油、菜籽油、棕榈油等）两大类。油脂含能值极高，是优质的能量来源。鹅日粮中添加油脂可提供必需脂肪酸，有利于促进脂溶性维生素的吸收，改善制粒效果，提高采食量并减轻热应激。在使用时，应注意防止脂肪氧化酸败。在配制鹅日粮时，油脂用量一般不宜超过5%。

（二）蛋白质饲料

蛋白质饲料系指干物质中粗纤维含量在18%以下，粗蛋白含量在20%以上的饲料。这类饲料营养丰富，蛋白质含量高，易消化，能值较高，钙、磷含量高，B组维生素含量也丰富。按其来源蛋白质饲料可分为植物性蛋白饲料、动物性蛋白饲料和单细胞蛋白饲料三大类。

1. 植物性蛋白饲料 植物性蛋白饲料主要是豆科籽实和油料作物提油后的副产品，其中压榨提油后的块状副产品称为“饼”，浸出提油后的碎片状副产品称为“粕”。一般来讲，“饼”类残油量高于“粕”，因此其能值高于“粕”。鹅常用的植物性蛋白饲料包括豆粕（饼）、菜籽粕（饼）、花生粕（饼）、棉籽粕（饼）和玉米干酒糟及可溶物等。

图7-8 豆 粕

（1）豆粕（饼） 豆粕（饼）是大豆提油后的副产品，是目前使用最广泛的一种优质蛋白饲料（图7-8）。其粗蛋白含量为40%～46%，赖氨酸含量较高，蛋氨酸和胱氨酸含量不足。生豆粕（饼）含胰蛋白酶抑制因子、血凝素和皂角素等抗营养因子，热处理可破坏以上抗营养因子，因此应熟喂。国内一般多用3分钟110℃热处理，其用量可占鹅日粮的10%～25%。

（2）菜籽粕（饼）　菜籽粕（饼）是油菜籽提油后的副产品（图7-9）。其粗蛋白含量为35%～40%，含硫氨基酸、赖氨酸含量丰富，精氨酸不足。菜籽粕（饼）含有硫代葡萄糖苷等抗营养因子，可降低饲料适口性，引发甲状腺肿大，其在鹅日粮中用量控制在5%～8%较为适宜。

图7-9　菜籽饼（粉状）

（3）棉籽粕（饼）　棉籽粕（饼）是棉籽脱壳提油后的副产品，其粗蛋白含量在33%～40%，蛋氨酸和赖氨酸含量低，精氨酸含量高。棉籽粕（饼）含有棉酚，食入过多对体组织和代谢有破坏作用，并可损害动物繁殖机能，在鹅日粮中的用量一般不超过8%。

（4）玉米干酒糟及可溶物　玉米干酒糟及可溶物（DDGS）是优质的蛋白饲料来源，在动物生产中广泛应用，用于替代豆粕和鱼粉（图7-10）。DDGS粗蛋白含量约30%左右，富含氨基酸、矿物质和维生素。由于微生物作用，酒糟中蛋白质、氨基酸及B族维生素含量均高于玉米，且含有发酵生成的未知促生长因子。

图7-10　玉米干酒糟及可溶物

2. **动物性蛋白饲料**　动物性蛋白饲料主要是肉、乳、蛋等加工的副产品。常用的动物性蛋白饲料包括鱼粉、肉（骨）粉、血粉、蚕蛹等，其粗蛋白质含量在50%以上。

（1）鱼粉　鱼粉是鹅的优质蛋白质饲料，有进口和国产鱼粉两种（图7-11）。进口鱼粉蛋白质含量为60%～70%，赖氨酸和蛋氨酸含量丰富，钙磷含量丰富，且比例适宜。国产鱼粉质量变异较大，粗蛋白含量在30%～60%，盐分含量较高。因价格较高，鱼粉在鹅饲料配方中一般

图7-11　鱼　粉

图7-12　蚕　蛹

不超过5%。

（2）肉骨粉　肉骨粉是动物屠宰加工副产物（骨、肉、内脏、脂肪等），经脱油、干燥、粉粹而得到的混合物。因原料来源不同，骨骼所占比例不同，其营养物质变化很大，粗蛋白质含量在20%～55%，赖氨酸含量丰富，钙磷、维生素B_{12}含量高。在鹅饲料中的用量不宜超过5%。

（3）血粉　血粉由动物鲜血经脱水加工而成，其蛋白质含量高达80%～90%，赖氨酸、色氨酸、苏氨酸和组氨酸含量较高，蛋氨酸和异亮氨酸缺乏。血粉味苦、适口性差、消化率低，在鹅日粮中用量为1%～3%。

（4）蚕蛹　蚕蛹粗蛋白质含量为60%～68%，蛋氨酸、赖氨酸和核黄素含量较高（图7-12）。蚕蛹脂肪含量较高，易酸败变质，影响适口性和肉蛋品质。蚕蛹在鹅日粮的用量可占5%左右。

3. 单细胞蛋白饲料　单细胞蛋白饲料主要包括一些微生物和单细胞藻类，如各种酵母、蓝藻、小球藻等。目前应用较多的是饲料酵母，其粗蛋白质含量为40%～50%，赖氨酸含量偏低，B族维生素含量丰富。酵母带苦味，在鹅日粮中的用量一般不超过5%。

（三）青绿饲料

青绿饲料水分含量高达70%～95%，能量和蛋白质含量低，维生素（特别是B族维生素和胡萝卜素）和矿物质含量丰富，含有促生长未知因子，且适口性较好。新鲜青绿饲料含有多种酶、有机酸，可调节胃肠道pH，促进消化，提高消化利用率。

常用的青绿饲料有苜蓿、三叶草、黑麦草、墨西哥玉米、苦荬菜、菊苣（图7-13）、南瓜（图7-14）、甜高粱（图7-15）、籽粒苋、甘薯藤（图7-16）、牛皮菜、胡萝卜等。青绿饲料饲喂前应予以适当加工，比如清洗、切碎、打浆或蒸煮等。青绿饲料使用时要避免长时间堆放或焖煮，以避免亚硝酸盐中毒。用含有氰苷的饲料（如高粱苗、玉米苗、三叶草等）饲喂鹅时，必须限量，喂前需经水浸泡、煮沸或发酵，以减少毒素。

图7-13　菊　苣

图7-14　南　瓜

图7-15　甜高粱

图7-16　甘薯藤

（四）矿物质饲料

1. 食盐　食盐的化学成分为氯化钠，是鹅必需的矿物质饲料，能同时补充钠和氯。食盐具有增进食欲，促进消化，维持机体细胞的正常渗透压等作用。在鹅日粮中的添加量一般为0.25%～0.5%。

2. 钙、磷饲料

（1）钙源饲料 常见的钙源饲料有石灰石粉、贝壳粉和蛋壳粉，另外还有工业碳酸钙、磷酸钙等。①石灰石粉：又称石粉，是目前应用最广泛的钙源饲料，其基本成分为碳酸钙，含钙量不低于35%，鹅日粮中石粉用量一般控制在0.5%～3%。②贝壳粉：由软体动物外壳加工而成，主要成分为碳酸钙，钙含量在34%～38%。③蛋壳粉：由蛋壳加工而成，钙含量在30%～37%。

（2）磷源饲料 常见的磷源饲料有骨粉、磷酸氢钙和磷酸二氢钙等。①骨粉：骨粉基本成分是磷酸钙，钙磷比为2 ∶ 1。骨粉中钙含量为30%～35%，磷含量为13%～15%。骨粉在鹅日粮中的用量一般为1%～2%。②磷酸氢钙和磷酸二氢钙：是最常用的钙磷补充饲料。磷酸氢钙（无水）的钙含量为29.6%，磷含量为22.7%；磷酸二氢钙的钙含量为15.9%，磷含量为24.5%。

3. 微量元素矿物质饲料　见表7-4。

表7-4　常用微量元素矿物质饲料中微量元素含量

元素	饲　料	微量元素含量（%）
铁	七水硫酸亚铁	20.1
	一水硫酸亚铁	32.9
铜	五水硫酸铜	25.5
	一水水硫酸铜	35.8
锰	五水硫酸锰	22.8
	一水硫酸锰	32.5
锌	七水硫酸锌	22.75
	一水硫酸锌	36.45
	氧化锌	80.3
硒	亚硒酸钠	45.6
	硒酸钠	41.77
碘	碘化钾	76.45
	碘化钙	65.1

（1）含铁饲料　硫酸亚铁是饲料工业中应用最广泛的铁源，有七水硫酸亚铁和一水硫酸亚铁两种。此外常用的铁源还包括氯化铁、氯化亚铁、甘氨酸亚铁等。

（2）含铜饲料　最常用的含铜锰饲料是硫酸铜，此外还有碳酸铜、氯化铜和氧化铜等。

（3）含锰饲料　最常用的含锰饲料是硫酸锰，此外还有氧化锰、氯化锰等。

（4）含锌饲料　常用的有硫酸锌、氧化锌、碳酸锌、葡萄糖酸锌、蛋氨酸锌等。目前最常用的是硫酸锌。

（5）含钴饲料　常用的有硫酸钴、碳酸钴和氧化钴。

（6）含碘饲料　常用的含碘饲料有碘化钾、碘化钠、碘酸钠、碘酸和碘酸钙。最常用是碘化钾。

（7）含硒饲料　常用的有亚硒酸钠、硒酸钠和酵母硒等。硒具有毒性，一般使用预混剂。配料时应注意混合均匀度和添加量。

（五）添加剂

添加剂是指添加于饲粮中能保护饲料中的营养物质、促进营养物质的消化吸收、调节机体代谢、增进动物健康，从而改善营养物质的利用效率、提高动物生产水平、改进动物产品品质的物质的总称。添加剂可分为营养性添加剂和非营养性添加剂。

1. 营养性添加剂　营养性添加剂包括氨基酸添加剂、维生素添加剂和微量元素添加剂，主要用于平衡日粮成分，以增强和补充日粮营养。常见的氨基酸添加剂有DL-蛋氨酸、蛋氨酸羟基类似物，L-赖氨酸盐酸盐、L-赖氨酸硫酸盐，色氨酸，苏氨酸，L-精氨酸盐酸盐等。常用的维生素添加剂包括动物生产所需的十余种维生素单体。微量元素添加剂见本章二、(四)、3.部分。

2. 非营养性添加剂　非营养性添加剂不提供鹅必需的营养物质，但添加到饲料中可以产生良好的效果，有的可以预防疾病、促进食欲，有的可以提高产品质量和延长饲料的保质期等。常用的非营养性添加剂有抗生素（硫酸黏杆菌素、恩拉霉素、黄霉素等）、抗氧化剂（二丁基羟基甲苯、丁羟基茴香醚、乙氧基喹啉等）、防霉剂（山梨酸钠、丙酸钙托等）、酶制剂（淀粉酶、木聚糖酶、纤维素酶、植酸酶等）、酸化剂（柠檬酸、富马酸、苯甲酸等)、益生素(乳酸杆菌、芽孢杆菌、双歧杆菌和酵母等)、益生元(大豆寡糖、纤维寡糖)等。

三、鹅饲养标准与日粮配合

(一)饲养标准

鹅的饲养标准是指根据科学试验和生产实践经验总结制订的鹅的营养物质需要量规定标准，主要包括能量、蛋白质、氨基酸、矿物质及维生素等。饲养标准因不是一个绝对值，具有相对的合理性，它因鹅的品种、性别、年龄、体重、生产目的和饲养环境的不同而变化。长期以来，鹅营养需要研究相对滞后，我国目前尚未制定鹅的国家饲养标准，但有关学者提出了我国鹅饲养标准草案(表7-5)。

表7-5　肉鹅饲养标准草案

营养成分	0～3周龄	4～8周龄	8周龄至上市	维持饲养期	产蛋期
粗蛋白(%)	20.00	16.50	14.0	13.0	17.50
代谢能(兆焦/千克)	11.53	11.08	11.91	10.38	11.53
钙(%)	1.0	0.9	0.9	1.2	3.20
有效磷(%)	0.45	0.40	0.40	0.45	0.5
粗纤维(%)	4.0	5.0	6.0	7.0	5.0
粗脂肪(%)	5.00	5.00	5.00	4.00	5.00
矿物质(%)	6.50	6.00	6.00	7.00	11.00
赖氨酸(%)	1.00	0.85	0.70	0.50	0.60
精氨酸(%)	1.15	0.98	0.84	0.57	0.66
蛋氨酸(%)	0.43	0.40	0.31	0.24	0.28
蛋氨酸+胱氨酸(%)	0.70	0.80	0.60	0.45	0.50
色氨酸(%)	0.21	0.17	0.15	0.12	0.13
丝氨酸(%)	0.42	0.35	0.31	0.13	0.15
亮氨酸(%)	1.49	1.16	1.09	0.69	0.80
异亮氨酸(%)	0.80	0.62	0.58	0.48	0.55

（续）

营养成分	0～3周龄	4～8周龄	8周龄至上市	维持饲养期	产蛋期
苯丙氨酸（%）	0.75	0.60	0.55	0.36	0.41
苏氨酸（%）	0.73	0.65	0.53	0.48	0.55
缬氨酸（%）	0.89	0.70	0.65	0.53	0.62
甘氨酸（%）	0.10	0.90	0.77	0.70	0.77
维生素A（国际单位/千克）	15 000	15 000	15 000	15 000	15 000
维生素D_3（国际单位/千克）	3 000	3 000	3 000	3 000	3 000
胆碱（毫克/千克）	1 400	1 400	1 400	1 200	1 400
核黄素（毫克/千克）	5.0	4.0	4.0	4.0	5.5
泛酸（毫克/千克）	11.0	10.0	10.0	10.0	12.0
维生素B_{12}（微克/千克）	12.0	10.0	10.0	10.0	12.0
叶酸（毫克/千克）	0.5	0.4	0.4	0.4	0.5
生物素（毫克/千克）	0.2	0.1	0.1	0.15	0.2
烟酸（毫克/千克）	70.0	60.0	60.0	50.0	75.0
维生素K（毫克/千克）	1.5	1.5	1.5	1.5	1.5
维生素E（国际单位/千克）	20	20	20	20	40
维生素B_1（毫克/千克）	2.2	2.2	2.2	2.2	2.2
吡哆醇（毫克/千克）	3.0	3.0	3.0	3.0	3.0
锰（毫克/千克）	100	100	100	100	100
铁（毫克/千克）	96	96	96	96	96
铜（毫克/千克）	5	5	5	5	5
锌（毫克/千克）	80	80	80	80	80
硒（毫克/千克）	0.3	0.3	0.3	0.3	0.3
钴（毫克/千克）	1.0	1.0	1.0	1.0	1.0
钠（毫克/千克）	1.8	1.8	1.8	1.8	1.8
钾（毫克/千克）	2.4	2.4	2.4	2.4	2.4
碘（毫克/千克）	0.42	0.42	0.42	0.30	0.30
镁（毫克/千克）	600	600	600	600	600
氯（毫克/千克）	2.4	2.4	2.4	2.4	2.4

（二）日粮配合

1. 鹅日粮配方设计基本原则

（1）选用合理的饲养标准　首先应根据鹅的品种类型、生理阶段、饲养方式、生产目标等，选用相应鹅品种的饲养标准作为饲料配方营养含量的依据。配制配合饲料时应首先保障能量、蛋白质及限制性氨基酸、钙、有效磷、地区性缺乏的微量元素与重要维生素的供给量，并根据季节特点、饲养管理方式等条件变化，对饲养标准做适当的增减调整。

（2）选择恰当的饲料原料　首先要保证饲料的安全卫生，不选用霉败变质的饲料。对于含有抗营养因子的饲料原料，应予以恰当处理并限量使用。其次要考虑原料的成本，尽量选用来源广泛、价格低廉的饲料原料。

（3）确定合适的用料比例　根据鹅的消化生理特点，选用多种饲料原料科学搭配。特别注意的是鹅等食草性家禽，日粮中须有一定的粗纤维，其含量在日粮中一般占5%～8%。各类饲料原料的组合大致比例如下：谷物类占40%～60%，可有2～3种提供能量与B族维生素；饼粕类占10%～20%，1～2种提供蛋白质；动物性饲料占3%～10%，1～2种补充蛋白质、赖氨酸、胱氨酸及必需脂肪酸；矿物质占2%～8%，2～3种补充钙磷等；添加剂占0.05%～0.25%，按比例添加维生素和抗菌、抗球虫和驱虫等药物；食盐占0.25%～0.5%；青饲料可按日粮的30%～50%喂给。

2. 鹅日粮配合方法　日粮配方设计方法包括计算机配方法和手工配方法两种。计算机配方采用相关软件，使用方便、快捷，在此不做详细介绍。手工配方方法容易掌握，但完成配方速度慢，仅适合小型养殖场（户）应用。手工配方法包括试差法和线性规划法等。试差法在实践中应用相当普遍。这种方法的具体做法是：首先根据饲养标准的规定初步拟出各种饲料原料的大致比例，然后用各自的比例去乘该原料所含的各种营养成分的百分含量，再将各种原料的同种营养成分之积相加，即得到该配方的每种营养成分的总量。将所得结果与饲养标准进行对照，若有任一种营养成分超过或者不足时，可通过增加或减少相应的原料比例进行调整和重新计算，直至所有的营养指标都基本满足要求为止。

现举例如下。

【示例】选择玉米、大豆油、豆粕、鱼粉、苜蓿草粉、赖氨酸、蛋氨酸、碳酸钙、磷酸氢钙、食盐、添加剂预混料设计生长鹅的日粮配方。

第一步：根据饲养标准和生产经验确定鹅各项营养指标含量（表7-6），并列出所用饲料营养成分（表7-7）。

表7-6　鹅饲养标准

代谢能（兆焦/千克）	粗蛋白（%）	粗纤维（%）	钙（%）	总磷（%）	赖氨酸（%）	蛋氨酸（%）
11.90	15.80	6.00	0.85	0.60	0.85	0.45

表7-7　各种饲料原料营养成分

原　料	代谢能（兆焦/千克）	粗蛋白（%）	粗纤维（%）	钙（%）	总磷（%）	赖氨酸（%）	蛋氨酸（%）
玉米	13.54	7.80	1.60	0.02	0.27	0.23	0.15
大豆粕	11.04	43.00	5.20	0.33	0.62	2.54	0.59
鱼粉	13.82	67.05		3.27	2.25	4.74	1.86
白酒糟	9.00	13.99	28.43	0.15	0.23	0.37	0.11
苜蓿草粉	4.14	14.30	23.00	1.34	0.19	0.60	0.18
大豆油	36.00						
赖氨酸						78.80	
蛋氨酸							99.00

第二步：初步确定各种原料的用量比例，并计算各指标含量（表7-8）。结果发现配方中代谢能、粗蛋白、钙、赖氨酸等指标含量与标准差异较大，需进一步优化。

第三步：试配的配方中能量不足，应提高能量饲料（玉米或大豆油）的用量；粗蛋白含量高于饲养标准，应降低蛋白饲料（豆粕和鱼粉）的比例，配方中粗纤维含量高于标准，应减少高纤维原料（苜蓿）的配比。反复优化调整，直至配方符合饲养标准（表7-9）。

表7-8　试配结果

原　料	用量（%）	代谢能（兆焦／千克）	粗蛋白（%）	粗纤维（%）	钙（%）	总磷（%）	赖氨酸（%）	蛋氨酸（%）
玉米	50.00	=13.54 × 50.00	=7.80 × 50.00	=1.60 × 50.00	=0.02 × 50.00	=0.27 × 50.00	=0.23 × 50.00	=0.15 × 50.00
大豆粕	25.00	=11.04 × 25.00	=43.00 × 25.00	=5.20 × 25.00	=0.33 × 25.00	=0.62 × 25.00	=2.54 × 25.00	=0.59 × 25.00
鱼粉	0.50	=13.82 × 0.50	=67.05 × 0.50		=3.27 × 0.50	=2.25 × 0.50	=4.74 × 0.50	=1.86 × 0.50
白酒糟	3.40	=9.00 × 3.40	=13.99 × 3.40	=28.43 × 3.40	=0.15 × 3.40	=0.23 × 3.40	=0.37 × 3.40	=0.11 × 3.40
苜蓿草粉	15.00	=4.14 × 15.00	=14.30 × 15.00	=23.00 × 15.00	=1.34 × 15.00	=0.19 × 15.00	=0.60 × 15.00	=0.18 × 15.00
大豆油	3.00	=36.00 × 3.00						
赖氨酸	0.10						=78.80 × 0.10	
蛋氨酸	0.20							=99.00 × 0.20
食盐	0.30							
石粉	0.70				=35.80 × 0.70			
磷酸氢钙	1.20				=20.29 × 1.20	=18.00 × 1.20		
预混料	0.60							
合计		11.61	17.61	6.52	0.90	0.62	0.97	0.47
饲养标准		11.90	15.80	6.00	0.85	0.60	0.85	0.45
与标准比较		–0.29	1.81	0.52	0.05	0.02	0.12	0.02

表7-9 饲料配方修正结果

原 料	用量（%）	代谢能（兆焦／千克）	粗蛋白（%）	粗纤维（%）	钙（%）	总磷（%）	赖氨酸（%）	蛋氨酸（%）
玉米	55.57	=13.54 × 55.57	=7.80 × 55.57	=1.60 × 55.57	=0.02 × 55.57	=0.27 × 55.57	=0.23 × 55.57	=0.15 × 55.57
大豆粕	20.16	=11.04 × 20.16	=43.00 × 20.16	=5.20 × 20.16	=0.33 × 20.16	=0.62 × 20.16	=2.54 × 20.16	=0.59 × 20.16
鱼粉	0.55	=13.82 × 0.55	=67.05 × 0.55		=3.27 × 0.55	=2.25 × 0.55	=4.74 × 0.55	=1.86 × 0.55
白酒糟	3.50	=9.00 × 3.50	=13.99 × 3.50	=28.43 × 3.50	=0.15 × 3.50	=0.23 × 3.50	=0.37 × 3.50	=0.11 × 3.50
苜蓿草粉	13.57	=4.14 × 13.57	=14.30 × 13.57	=23.00 × 13.57	=1.34 × 13.57	=0.19 × 13.57	=0.60 × 13.57	=0.18 × 13.57
大豆油	3.6	=36.00 × 3.6						
赖氨酸	0.12						=78.80 × 0.12	
蛋氨酸	0.21							=99.00 × 0.21
食盐	0.30							
石粉	0.67				=35.80 × 0.67			
磷酸氢钙	1.20				=20.29 × 1.20	=18.00 × 1.20		
预混料	0.50							
合计		11.91	15.80	6.00	0.86	0.60	0.85	0.45
饲养标准		11.90	15.80	6.00	0.85	0.60	0.85	0.45
与标准比较		0.01	0.00	0.00	0.01	0.00	0.00	0.00

（三）参考配方

因我国各地饲养的鹅品种、饲料原料、饲养方式等存在较大差异，因此，应根据生产实际科学制定饲料配方。表7-10至表7-14列举配方仅供参考。

表7-10　鹅的饲料配方（%）

饲料	雏鹅0～4周龄	生长鹅4～8周龄	生长鹅8周龄至上市	育成鹅（维持）
玉米	39.96	38.96	43.46	60.0
高粱	15.0	25.0	25.0	—
大豆粕	29.5	24.0	16.5	9.0
鱼粉	2.5	—	—	—
肉骨粉	3.0	—	1.0	—
糖蜜	3.0	1.0	3.0	3.0
麸皮	5.0	5.0	5.4	20.0
米糠	—	—	—	4.58
玉米麸质粉	—	2.5	2.5	—
油脂	0.3	—	—	—
食盐	0.3	0.3	0.3	0.3
磷酸氢钙	0.1	1.5	1.4	1.5
石灰石粉	0.74	1.2	0.9	1.1
蛋氨酸	0.1	0.04	0.04	0.02
预混料	0.5	0.5	0.5	0.5

表7-11　商品肉鹅（0～3/0～4周龄）饲料配方（%）

饲料品种	配方1	配方2	配方3	配方4	配方5
玉米	48.8	47.3	51.5	45	57.6
高粱	—	—	—	15.7	—
小麦	10.0	—	10.0	—	7.4

（续）

饲料品种	配方1	配方2	配方3	配方4	配方5
稻谷	2.8	7	—	—	—
次粉	5.0	5	—	—	—
小麦麸	—	—	9.0	6.6	3.8
花生饼	—	7.0	—	—	2.5
豆粕	25.0	29.0	20.0	29.5	19.3
菜籽粕	2.0	2	3.0	—	2.5
磷酸氢钙	1.2	1.2	0.8	1.4	1.0
食盐	0.30		0.3	0.3	0.3
石粉	0.8	1.0	0.9	1.0	0.8
鱼粉	3.6	—	4.0	—	4.3
预混料	0.5	0.5	0.5	0.5	0.5
合计	100	100	100	100	100

表7-12　商品肉鹅（5周龄至上市）饲料配方（%）

饲料品种	配方1	配方2	配方3	配方4	配方5
玉米	55.5	47.7	52.0	52.0	40.8
高粱	—	—	14.0	—	—
小麦	—	—	—	—	22.5
稻谷	—	11.0	—	15.0	—
米糠	11.0	7.0	—	3.0	8.0
小麦麸	14.2	13.2	13.0	13.4	11.7
花生饼	—	3	3	—	12.5
蚕蛹	—	—	—	—	1.0
豆粕	15.0	14.0	14.0	11.0	—
磷酸氢钙	—	—	—	—	1.2
食盐	0.30	0.3	0.3	0.3	0.2

（续）

饲料品种	配方1	配方2	配方3	配方4	配方5
石粉	—	0.6	0.5	0.5	—
骨粉	2.0	2.2	2.2	1.8	1.1
鱼粉	1.0	—	—	2.0	—
预混料	1.0	1.0	1.0	1.0	1.0
合计	100	100	100	100	100

表7-13　后备种鹅饲料配方（%）

饲料品种	配方1	配方2	配方3	配方4	配方5
玉米	45.0	44.0	40.0	40.9	37.0
高粱	—	—	—	—	21.0
小麦	15.0	—	—	—	—
大麦	—	17.0	—	—	—
稻谷	—	—	11.0	—	—
芝麻饼	—	6.0	—	—	—
次粉	—	—	—	8.0	—
小麦麸	22.2	21.2	21.3	24.0	24.9
花生饼	—	—	—	—	5.0
草粉	8.0	8.0	—	—	—
酒糟	—	—	—	8.0	—
豆粕	6.0	—	9.0	11.0	8
菜籽粕	—	—	—	4.0	—
磷酸氢钙	1.3	1.3	1.5	1.4	1.3
食盐	0.3	0.3	0.2	0.2	0.3
石粉	1.2	1.2	1.4	1.5	1.5
米糠	—	—	12.8	—	—

（续）

饲料品种	配方1	配方2	配方3	配方4	配方5
预混料	1.0	1.0	1.0	1.0	1.0
合计	100	100	100	100	100

表7-14　种鹅及产蛋鹅饲料配方（%）

饲料品种	配方1	配方2	配方3	配方4	配方5
玉米	42.5	42.7	43.0	51.0	50.5
高粱	—	—	10.0	—	—
小麦	23.0	21.0	—	—	—
米糠	—	—	—	8.0	—
稻谷	—	—	—	—	8.2
葵花饼	—	—	7.0	—	—
次粉	—	—	17.0	9.8	11.0
小麦麸	—	6.0	—	—	—
花生饼	—	7.0	10.0	—	—
草粉	4.0	—	—	—	—
豆粕	21.0	12.0	—	15.0	18
菜籽粕	—	—	—	5.0	—
磷酸氢钙	1.7	1.5	1.3	1.7	1.5
食盐	0.3	0.3	0.2	0.2	0.3
石粉	6.5	6.5	6.5	6.3	6.5
鱼粉	—	2.0	4.0	—	3.0
蚕蛹	—	—	—	2.0	—
预混料	1.0	1.0	1.0	1.0	1.0
合计	100	100	100	100	100

第八章　发酵床养鹅新技术

一、发酵床的类型

发酵床（垫料池）是在鹅舍地面或部分地面建设（或改造）30 ~ 40厘米厚的一个池，用于存放垫料。发酵床的类型可以分为地上式、地下式、混合式（半地上半地下式）和网下发酵床、网上养鹅4种。不同类型有不同特点，建造时应根据水位和鹅舍结构科学设置，也可以利用特殊地理因地制宜进行建设，以降低成本。

（一）地上式发酵床

这种发酵床垫料池高出地面，垫料槽底部与鹅舍外地面持平或略高，工作通道以及硬地平台抬高，其高度与垫料池的深度一致（30 ~ 40厘米，图8-1）。其特点是鹅舍整体高度较高，雨水不容易溅到垫料上，地面上的水也不易流到垫料里，通风效果好，能保持鹅舍干燥，特别是能防止高地下水位地区雨季返潮，而且进出垫料也方便。但地上建筑成本增加，造价稍高，发酵床靠近四周的垫料发酵受周围环境影响大。适合地下水位高、雨水容易渗透的地区，管理方便。

图8-1　发酵床养鹅

（二）地下式发酵床

这种发酵床垫料池建在地面以下，槽深30 ~ 40厘米。特点是鹅舍整体高度较低，地上建筑成本较低，发酵效果相对均匀，冬季发酵床保温性能好，造价较地上槽低，饲养管理方便。但需要挖掘发酵床区域泥土。由于地势低，雨水容易溅到垫料上，进出垫料也不方便。鹅舍整体通风效果比地上式差，无法留通气孔，发酵床日常养护用工多。适合于北方干燥或地下水位低、排水通畅、雨水不易渗透的地区。

（三）混合式发酵床（半地上半地下式垫料池）

这种发酵床垫料池介于地上式与地下式之间，是将垫料槽一半建在地下，一半建在地上。硬地平台及操作通道取用开挖的地下部分的土回填，槽深30～40厘米。特点是地上建筑成本和效果也介于地上式和地下式之间，管理方便。但透气性较地上式差，不适应高地下水位的地区。适应北方大部分地区以及南方坡地或高台地区。

（四）网上养鹅发酵床

发酵床建在网下、网上养鹅的方式，便于发酵床的管理，在网下利用新研制的翻耕机对垫料进行翻耙，可减少人力使用，对网上养殖的鹅影响较少，是正在推广的一种养殖方式（图8-2、图8-3、图8-4）。

图8-2　网下翻耕机1

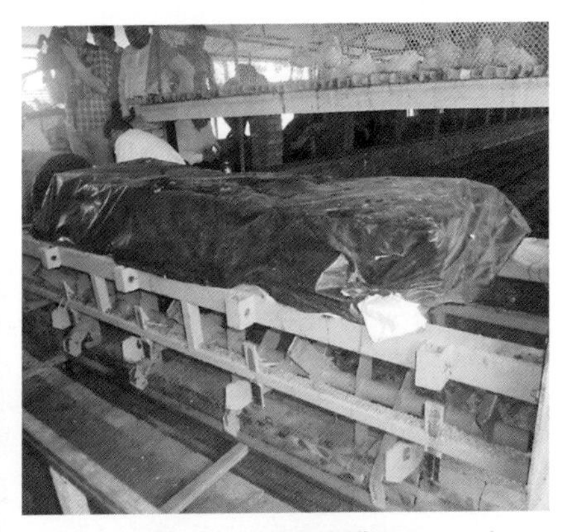

图8-3　网下翻耕机2

图8-4　网下翻耕机3

二、发酵床菌种的选择

对于初次使用生物垫料发酵床的养鹅场，建议选择使用发酵效果确实可靠、由本地域专业单位制作的成品菌种。

成品菌种有湿式发酵床菌剂和干撒式发酵床菌剂。湿式发酵床菌剂包括干粉和液体两种剂型（图8-5）。干粉菌种的活力保持持久；液体菌种的活力衰减较快，常规条件下长期存放质量没有保证。干撒式发酵床菌剂只有干粉状，干粉剂便于运输和存贮。可以从专门商家购买。

图8-5　液体菌种

由于生物发酵菌种属于一个新的使用领域，目前，尚无专门的国家标准和行业标准，不同单位提供的成品菌种的质量相差很大，难以把握。广大养殖户在选购成品菌种时应注意以下几点。

（1）选择正规单位或厂家生产的菌种　养殖场户在选购生物垫料发酵菌种时，应注意选用正规单位或厂家（由国家工商注册，有生产许可证等资质）提供的发酵功能强、速度快、性价比高、安全可靠的成品菌种。

（2）成品包装要规范　一般由正规单位或厂家提供的成品菌种，包装印刷比较规范。要有详细的说明或技术手册、主要成分介绍、生产许可证号、单位名称、地址和联系电话。

（3）生物垫料发酵菌种色纯味正　成品生物垫料发酵菌种应是经过纯化处理的多种微生物的复合物，并非单一菌种，但颜色纯正、无异味、无掺杂。

（4）验证已使用的效果　养殖场户在选购生物垫料发酵菌时，一定要多方了解，选择专家组研究推荐的、当地有研究和试点基础、信誉好、应用效果可靠的单位提供的菌种。购买前，最好先向当地畜牧部门咨询，多与已经使用过该菌种的养殖场户交流，确认使用效果后再购买。

（5）发现问题及时处理　在使用生物垫料发酵菌发酵养禽过程中，

若发现发酵菌不发酵，发酵床温度提升不上来等现象，要及时向有关部门反映，积极查找原因，及时妥善解决，以减少不必要的损失，保证生物垫料正常发酵。

三、发酵床垫料的常用原料及特点

（一）锯末

锯末是最佳的发酵床垫料，在所有垫料中锯末的碳氮比最高，最耐发酵（图8-6）。同时锯末疏松多孔，保水性最好，透气性也比较好。从技术上讲，以锯末为主掺和少量稻壳作发酵床是最好的。锯末的细度正好适合发酵床的要求。各地都有规模大小不等的木材加工场可供应锯末。但在一些地方锯末的资源比较缺乏，价格也较贵。由于木材和加工方法不同，锯末的种类、湿度和品质差异较大。使用锯末要注意以下几点。

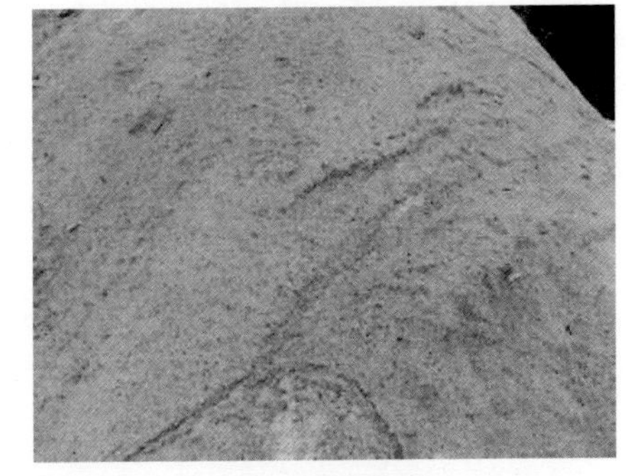

图8-6　锯　末

（1）不得用有毒树木的锯末，如楝木等，否则会引起鹅中毒。

（2）使用松木等含油脂较多的锯末时应先晾晒几天，使挥发性油脂散发，避免引发鹅呼吸道过敏以及消化道应激反应。

（3）原则上不使用含胶合剂或防腐剂的人工板材生成的锯末，因为这种锯末中含有的添加物质可能对鹅有毒，而且可能对发酵过程有抑制作用。

锯末的干湿度要符合发酵床操作的要求，湿度过大时要提前晾晒。干撒式发酵床所用锯末必须干燥。木材加工生成的刨花也可替代锯末使用，最下层可全部使用刨花。不太粗的刨花可全部替代锯末。碎木块和树枝、细木段都可以用到下层垫料中。

（二）稻壳

稻壳也是很好的垫料原料，透气性能比锯末好，但吸附性能稍次于

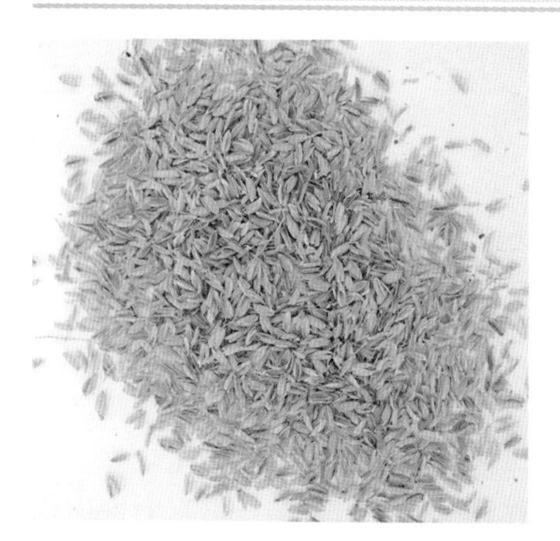

图8-7　稻　壳

锯末（图8-7）。含碳水化合物比例比锯末低，灰分比锯末高，使用效果和寿命次于锯末。可以单独使用，也可与锯末混合使用。稻壳不宜粉碎，因为过细不利于透气。稻壳与锯末相比优点在于品种单一、质量稳定，一般不用担心过湿和霉变。

（三）花生壳

可以不经粉碎铺到最下层，厚度不宜超过15厘米。也可不经粉碎与锯末或稻壳混合使用。还可单用花生壳，在下层10～15厘米用不粉碎的花生壳，中上层花生壳的粗度在1厘米以下（图8-8）。

图8-8　花生壳

（四）玉米秆

可以铡短后铺到最下层，厚度为10厘米左右，也可铡短到3厘米左右，按1/4以下比例与锯末或稻壳混合使用。铺在最下层的玉米秆也可用不铡切的整株，但要码排平整（图8-9）。

图8-9　玉米秆

（五）小麦秸和稻草

小麦秸和稻草可以不铡短直接铺到最下层，厚度不超过20厘米。也可铡短到2厘米左右，与锯末或稻壳混合使用，比例不超过1/3。

由于玉米秆、麦秸和稻草（图8-10）粉碎费用较高，而且粉碎后的透气性能不佳，吸水后透气性能更差，且容易腐烂，因此不宜粉碎使用。

图8-10　稻　草

（六）小麦糠

即包裹小麦粒的秕壳，多为麦秸造纸剩下的废弃物，用法与小麦秸相同。

（七）玉米芯、玉米皮

玉米芯可以粉碎到黄豆大小的粒度单独使用，或与锯末、稻壳混合使用，比例不限；也可以经碾压后直接铺到最下层。玉米芯本身对鹅有一定的营养价值。玉米皮即玉米棒外面的包衣，可不经粉碎铺到发酵床下层使用（图8-11）。

图8-11　玉米皮

（八）棉花秆和辣椒秆

可以粉碎到0.5 ~ 1.0厘米的细度与锯末或稻壳混合使用，也可不经粉碎铡成10厘米左右长的短节，直接在最下层铺10 ~ 15厘米厚，中上层使用锯末或稻壳。最好不单独使用。

四、发酵床垫料的组成要求及用量

（一）发酵床垫料的组成要求

1. 适宜的碳氮比　垫料原料的碳氮比要高，碳水化合物（特别是木质纤维）含量高，疏松、多孔、透气，吸水、吸附性能良好，无毒无害，无明显杂质等。发酵床发酵效果的好坏，取决于发酵床垫料的碳氮比。理论上讲，碳氮比大于25的原料都可以作为垫料原料。而且碳氮比越高，使用寿命越长。常用的几种原料的碳氮比平均值见表8-1。

表8-1　常用的几种原料的碳氮比

种　类	碳氮比	种　类	碳氮比
水稻秸秆	47.56	甘薯藤	14.19
小麦秸秆	66.46	烟叶秆	31.22
大麦秸秆	76.55	豌豆秆	20.72
玉米秸秆	49.56	花生饼	4.69
大豆秸秆	29.33	棉籽饼	6.25
花生秸秆	23.85	酒糟	12.80
高粱秸秆	46.72	杂木屑	491.8

2. 垫料廉价易得　原料必须来源广泛，采集采购方便，价格尽可能便宜，质量容易把握。垫料选择要以惰性（粗纤维较高不容易被分解）原料为主，硬度较大，含有适量的营养和能量。各种原料的惰性和硬度大小排序为：锯木屑＞统糠粉（稻谷秕谷粉碎后的物质）＞棉籽壳粗粉＞棉秆粗粉＞其他秸秆粗粉。

3. 粗细适宜　如果垫料太细容易板结，造成通气不畅；太粗则吸水性、吸附性不好。如果完全用锯末，则通气性不是很好，会影响发酵，所以，应注意惰性原料要粗细结合。如统糠粉，以5毫米筛片粉碎为度；木屑要用粗木屑，以3毫米筛子的“筛上物”为度。或者用粗粉碎的原料。对于锯木屑，只要是无毒的树木、硬度大的锯木屑都可以使用，含有油脂的如松树的锯木屑、含有特殊气味的如樟树的锯木屑也可以使用。

（二）材料的用量

建造一个既符合养鹅生产需要，又适宜于生物发酵菌生长繁殖的生物垫料发酵床，必须根据生物垫料的基本要求，并结合各种材料的物理特性以及鹅的生产情况来计算垫料材料的用量。

1. 垫料厚度要求　垫料总高度在高温的南方30厘米即可，中部地区要达到35厘米，北方寒冷地区要求至少40厘米。由于垫料开始使用后都会被压实，厚度会降低，因此施工时的厚度要提高20%。例如，南方计划垫料总高度为30厘米，在铺设垫料时的厚度应该是36厘米。

2. 材料用量

（1）湿式发酵床垫料材料用量　见表8-2。

表8-2　建造发酵床养鹅栏舍垫料配方

配　方	配　方　比　例
配方1	50%～70%锯末，50%～30%不粉碎谷壳，菌种和营养液，玉米粉，适量水
配方2	40%～60%锯末，60%～40%玉米芯或玉米秸秆，菌种和营养液，玉米粉，适量水
配方3	70%的机械刨花（5～15毫米），30%玉米秸秆粗粉或切断成几厘米（或其他农作物秸秆），菌种和营养液，玉米粉，适量水
配方4	木材粉碎到5～10毫米的锯末，可以100%采用（但不能太细），菌种和营养液，玉米粉，适量水
配方5	粉碎20目左右的谷壳（即用5毫米筛子粉碎的谷壳），30%未粉碎谷壳，菌种和营养液，玉米粉适量，适量水
配方6	70%玉米秸秆，30%刨花（或锯末、谷壳、麦壳），菌种和营养液适量，适量水

（2）干撒式发酵床垫料材料的用量　干撒式发酵床垫料材料完全可以按照表8-2中介绍的材料使用。干撒式发酵床垫料材料的用量可以根据深度和面积进行计算。如10米^{2}面积，垫料厚度40厘米，则需要垫料材料4米^3。如果材料较湿，要酌情折算。

五、发酵垫料的制作和铺设

（一）湿式发酵床发酵垫料的制作和铺设

1. 材料的准备　制作生物垫料发酵床需要准备的主要原料有：垫料原料（如锯末、稻壳、玉米秸秆、树叶等）、生物发酵菌种及其辅料（如深层土、植物营养液、乳酸菌营养液、生鱼营养液、畜牧用盐等）。垫料中的稻壳或秸秆主要起蓬松透气作用，以使垫料中有充足的氧气；锯末则起吸水和保水性作用。在选择垫料原料时要注意：①秸秆需事先切成2～4厘米的长度（图8-12）；②锯末要新鲜，不能发霉变质，坚决不能使用经过防腐处理的板材生产的锯末，如三合板等高密度板材锯下的锯

图8-12 稻草铡短

末；③花生壳和稻壳要求新鲜、无霉变，实践证明，最好的两种原料是稻壳和锯末；④泥土采用地面20厘米以下的没有被化肥、农药污染过的深层土；⑤一定要用粗盐，因为粗盐含有丰富的矿物质，有利于微生物菌群的繁殖和木屑的分解。

2. 垫料制作 垫料制作的过程其实是垫料发酵的过程，其目的是在垫料里增殖优势有益发酵菌群，通过有益菌的优势生长抑制有害菌的生长，同时通过发酵过程产生的热量抑制或杀死有害菌。具体操作如下。

（1）首先将各种原料（锯末、稻壳等）以及辅料（深层土、畜牧用盐）充分混合。

图8-13 稻壳、锯末分层平铺

图8-14 原料平铺及深层土

图8-15 人工混合

（2）按不同产品要求将固体菌种和米糠（或麸皮、玉米面等，提供菌种初期营养）充分混合均匀（一级预混），目的是使菌种与营养物充分混合。

（3）将一级预混物与10倍预先混合好的原料充分混合均匀（图8-15）。混合时同时将营养液或液态菌种加水以1 ∶ 20的比例稀释后用喷雾器均匀喷洒。这是菌种的二级预混，可以使菌种更好地与全部材料混合均匀。

(4) 将二级预混物与垫料加水充分混合均匀，使垫料整体水分的湿度达到35%～40%时最适宜。可以用手抓垫料来感觉判断，即用手握住垫料感觉有一定的湿度，但是捏紧时无水从手指缝中流出，松开手垫料可以成团，轻轻晃动可以散开，说明水分掌握较为适宜。

(5) 将制作好的垫料表面加草帘或尼龙编织袋（通气性材料）覆盖发酵，在发酵过程中注意表面水分的保持，夏天表面过干时及时喷洒水分。整个发酵过程6～8天，从第二天选择物料约40厘米深不同部位测量温度，其温度可达到40℃以上，以后温度逐渐上升，如均匀度和湿度掌握合适，温度最高可达到70℃左右。由于均匀度和湿度掌握不同，到达70℃左右的时间有所不同，一般需要发酵6天左右。随着微生物的自我调控，垫料的温度会逐渐下降并稳定在45℃左右。等垫料温度下降并稳定以后，即可把垫料铺开，24小时以后进鹅舍。发酵床养鹅垫料的厚度，亚热带地区最低可以使用20～25厘米。

制作垫料时注意事项：①注意垫料的湿度，尽可能不要过湿；②制作垫料时原材料的混合要充分均匀；③堆积后发酵时做好覆盖，垫料表面使用通气性良好的东西如麻袋等覆盖，使其能够升温并保温；④注意发酵的效果，发酵后散开垫料时，如果出现氨臭的话，温度还很高，水分够的时候让它继续发酵；⑤注意检查第2～3天物料温度上升情况。第2～3天物料初始温度是否上升，一般用手即可明显感觉到。否则要查明为什么温度升不上去。一般从如下几个因素考虑：谷壳、锯末、米糠（麸皮、玉米面等）等原材料是否符合要求，所加菌种比例是否恰当，物料是否混合均匀，垫料水分是否合适（是否在35%左右，太干还是太湿）等。

3. 垫料的铺设　先将各种生物垫料、菌种和辅料按比例投入，混合均匀后，按要求的高度填入发酵床。根据制作场所不同，垫料的铺设分为直接制作铺设和集中统一制作铺设。

（1）直接制作法　即在鹅舍内生物发酵床上直接制作生物发酵垫料，是常用的一种方法。将各种垫料原料如谷壳、锯末、米糠以及生物发酵菌种等，按比例直接倒入鹅舍内发酵池中，用器械混合均匀后使用。此种方法效率较低，较适用于中小规模的专业场户养鹅。

（2）集中统一制作法　指在舍外场地将发酵原料统一搅拌、发酵制作好垫料，然后再填入垫料池内发酵的一种制作方法。

（二）干撒式发酵床发酵垫料的制作和铺设

干撒式发酵床发酵垫料的制作和铺设操作包括以下五个步骤。

1. 稀释菌剂 将发酵床菌种按商品说明比例（一般5 ~ 10倍）与麸皮、玉米粉或米糠混匀稀释。添加麸皮、玉米粉等物料的目的不但是稀释菌剂，使菌种与垫料混合均匀，而且可为菌种的复活提供高浓度的营养物质，促进菌种快速复活，加快发酵床启动。

2. 播撒菌种 最好采取边铺垫料边撒菌种的方法。垫料原料购进后，从运输车辆上卸下时直接铺进发酵池内更省力。也可以先将菌种与垫料原料提前均匀混合后一次填入发酵池。切记，菌种和垫料中都不可加水。

为便于播撒菌种，可以将垫料分成五层铺填，每层垫料上面手工均匀播撒一层菌种，每一层用菌种总量的1/5。

3. 铺足垫料 垫料厚度铺到35 ~ 40厘米。刚铺设的垫料比较虚，饲养一段时间后，踩踏和发酵热的作用使垫料基本被压实，厚度下降到要求的30 ~ 35厘米。

4. 进鹅饲养 垫料铺设完毕当即就能进鹅饲养。

5. 启动发酵 将新鲜的鹅粪尿埋入垫料10 ~ 20厘米深处，覆盖好垫料。一般情况下，如此反复数次，即可启动发酵。

第九章 鹅常见疾病的防治

一、鹅疾病的预防与控制措施

鹅疾病防治的宗旨是预防为主，治疗为辅，防治结合。

（一）养鹅场要严格执行消毒制度，杜绝一切传染来源

用化学药品或某些物理方法杀灭物体及外界环境中的病原微生物的方法，称为消毒。它通过切断传染途径来预防传染病的发生或阻止传染病继续蔓延。因此，消毒是一项重要的防疫措施。消毒的范围包括周围环境（图9-1）、鹅舍、孵化室、育雏室、用具、饮水、仓库、饲料加工场、道路、交通工具及工作人员等。

图9-1　周边环境消毒

1. 消毒的种类

（1）预防性消毒　指平时饲养过程中，为预防疫病发生而有计划地定期对鹅舍、运动场、用具、饲槽、饮水等进行消毒。

（2）临时消毒　指养殖场发生传染病后，为迅速控制和扑灭疫情，而对疫点、疫区内的病鹅排泄物和分泌物、被污染的用具、场地进行的消毒。或由于邻近的村或养殖场发生了危害性较大的传染病，或者由于某些环节处理不当，怀疑鹅场的某些场所、道路、水源、用具、车辆、衣物等可能被传染源污染，为了安全起见，对上述物体或场所进行的临时性的消毒措施，称为临时性消毒，亦称突击性消毒。其目的是为了消

图9-2　禽流感防控消毒

灭病原体，切断传播途径，防止传染病的扩散。临时消毒一般需要多次反复进行。

（3）终末消毒　指传染病感染的鹅群已死亡、淘汰或全部处理后，经2周没有出现新病例时，对养鹅场内、外环境和用具进行的一次全面彻底的大消毒（图9-2）。

平时要做好鹅舍、运动场及生产用具等的清洁、消毒工作，合理处理垃圾、粪便，保持洁净的饲养环境，减少发病概率。尚未发生疫病的鹅舍预防性消毒一般每月1次。发生疫病时，鹅舍要进行临时消毒和终末消毒，一般每周2次，且药物的浓度要稍大。空舍消毒时要遵循先净道（运送饲料等的道路）、后污道（清粪车行使的道路）。空舍消毒一般要用2～3种不同作用类型的消毒药交替进行。

利用多功能微雾给药器进行消毒效果良好（图9-3、图9-4）。

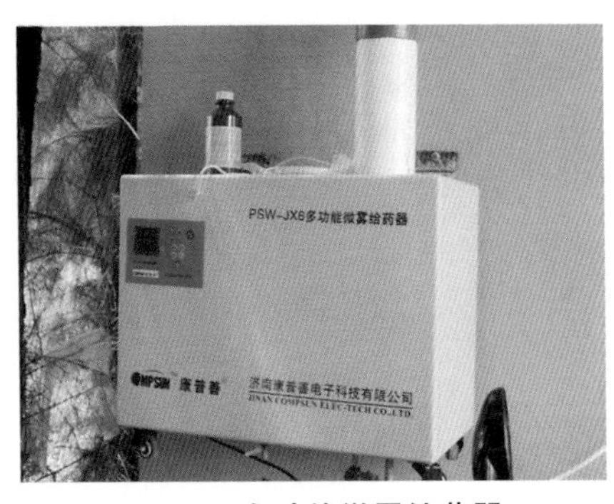

图9-3　多功能微雾给药器

图9-4　喷雾消毒

2. 鹅舍消毒的基本步骤

（1）清理鹅舍内的废弃物，并对地面进行清扫　清扫是消毒工作的前提。试验结果表明，经清扫过的禽舍，细菌减少21.5%；如果清扫后用水冲洗，则细菌总数可减少50%～60%；清扫和冲洗后再用消毒剂喷雾消毒，舍内细菌总数可减少90%。

消毒前先进行物理性的清扫冲洗，清扫、冲洗要按照一定的顺序，一般先扫后洗，先顶棚、后墙壁、再地面。从鹅舍的远端到门口，先室内后环境，逐步进行，经过认真彻底的清扫和清洗，可以大大减少粪便等有机物的数量。

（2）高压水枪冲洗　用高压水笼头冲洗育雏网床、地面、食槽或饲料盘、水槽等地方。

（3）地面、墙壁的消毒　可用浓度为0.3%的过氧乙酸（每立方米用量30毫升）喷洒鹅舍的地面、墙壁和屋顶（图9-5）。也可用10%漂白粉或2%烧碱溶液消毒。

图9-5　鹅场消毒

对于鹅场的育雏舍，应进行彻底全面的消毒，具体方法为网架、地面、墙壁（1.4米以下）全面泼洒消毒药，用10%漂白粉或2%烧碱溶液消毒，隔8小时后，用清水彻底冲洗干净后，再用福尔马林（用药量按每立方米甲醛40毫升、高锰酸钾20克、热水15毫升。）进行熏蒸消毒。为了提高熏蒸消毒效果，可将室温控制在24℃、湿度75%以上，密闭熏蒸24小时，然后打开门窗，通风换气3～4天。进雏当天再用百毒杀溶液全面喷雾消毒一次。

3. 常用的消毒药及其使用特性　为了让广大养鹅户更好地掌握常用消毒药的使用，下面介绍几种常用的环境消毒药物，供参考。

（1）福尔马林（甲醛）溶液　甲醛属醛类消毒剂。一般含甲醛36%～40%。甲醛是最简单的脂肪醛，有极强的还原活性，能使蛋白质中的氨基发生烷化反应，使蛋白质变性而起到杀菌作用（图9-6）。

甲醛为广泛使用的杀菌剂，0.25%～0.5%甲醛液在6～12小时能杀死细菌、芽孢及病毒，可用于仓库、畜舍、孵化室消毒以及器械、标本、尸体防腐，并用于雏鹅、种蛋的消毒。

（2）氢氧化钠（烧碱、火碱、苛性钠）　氢氧化钠为白色或黄色块状或棒状物质，易溶于水和醇，露在空气中易吸收二氧化碳和湿气而潮解，使消毒效果减弱，故需密闭保

图9-6　甲　醛

存（图9-7）。3%～4%氢氧化钠溶液能杀死病毒和细菌。30%溶液能在10分钟内杀死炭疽芽孢，加入10%食盐能加强氢氧化钠杀灭芽孢的能力。0.5%～1%氢氧化钠溶液可用作鹅体表消毒。

（3）生石灰 用于墙壁、地面、粪池、污水沟等消毒，配成10%～20%石灰乳喷洒或涂刷；也可将生石灰粉直接撒用（图9-8）。生石灰易吸收二氧化碳，使氧化钙变成碳酸钙而失效，故要现配现用。陈旧石灰已变成碳酸钙而失效，不能用作消毒。

（4）来苏儿（煤酚皂溶液） 可用于鹅舍、墙壁、运动场、用具、粪便、鹅舍进出口处消毒。常配成3%～5%的浓度用于鹅舍进出门消毒；用5%～10%的浓度用于排泄物消毒（图9-9）。

图9-7 氢氧化钠

图9-8 生石灰

图9-9 来苏儿

图9-10 百毒杀

（5）百毒杀（双链季铵盐消毒剂） 用于饮水、带鹅消毒，鹅舍、用具等的消毒。饮水消毒浓度1 ∶ 10 000～20 000，一般鹅舍、用具等的消毒浓度1 ∶ 1 000～3 000，紧急消毒时按说明加大倍数。

（6）高锰酸钾 可用于皮肤、黏膜、创面冲洗，以及饮水、种蛋、容器、用具、鹅舍等的消毒。常用0.1%溶液用于皮肤、黏膜创面冲洗及饮水消毒，0.2%～0.5%的浓度用于种蛋浸泡消毒，2%～5%的浓度用于饲具、容器的洗涤消毒。高浓度有腐蚀作用，遇氨水、甘油、酒精易失效。本品为强氧化剂，不能久存，应现配现用。

（7）新洁尔灭（溴化苄烷铵）　可用于鹅舍、地面、笼具、容器、器械、种蛋表面的消毒。市售的为2%或5%浓度，用时应稀释成0.1%浓度（图9-11）。用于浸泡种蛋，温度40～43℃，不宜超过30分钟。本品忌与肥皂、碘、升汞、高锰酸钾或碱配合使用。

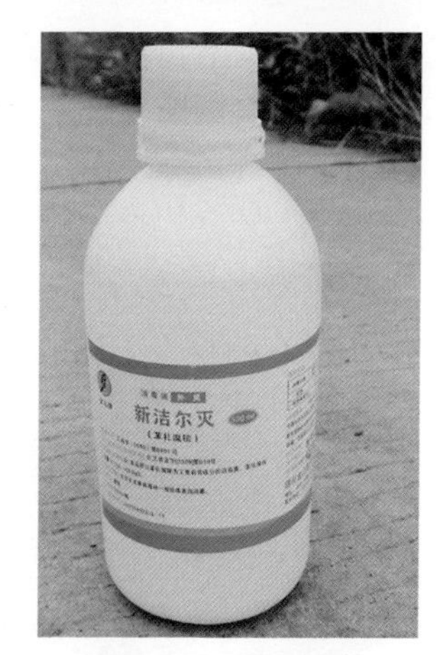

图9-11　新洁尔灭

（8）复合酚（菌毒敌、菌毒灭、菌毒净）　用于鹅舍、笼具、运动场、运输车辆、排泄物的消毒。常用0.3%～1%溶液喷洒、清刷鹅舍地面、墙壁、笼具等进行消毒（图9-12）。忌与碱性物质和其他消毒药合用。

图9-12　复合酚

（二）加强饲养管理，科学饲养

根据“预防为主，综合防治”的原则控制疾病。

（1）保持鹅场环境和鹅舍清洁卫生　定期进行环境和鹅舍消毒（图9-13），通风换气，保温保湿，维持相对稳定的鹅的生长环境。合理放牧和补料，增强鹅的体质，提高其对疾病及外界环境变化的抵抗能力

（2）“早、快、严、小”的处理原则　平时多观察，及时发现、隔离和淘汰病鹅，及时诊断，并对症制定治疗方案，避免疫病传播。病死鹅要焚烧或深埋。处理完病鹅、死鹅后，操作人员要用消毒液洗手。

（3）实施有效的免疫计划　认真做好免疫接种工作。

（4）定时驱虫和消毒　在鹅20～30日龄、60～90日龄时，用广谱驱虫药如丙硫咪唑各驱虫1次，

图9-13　对环境消毒

并定期对其生长环境进行严格消毒。

（5）全进全出饲养　生产上最好能做到“全进全出”。

（三）制定免疫程序

规模化养鹅场由于饲养数量大、相对密度较高，随时都有可能受到传染病的威胁，为防患于未然，平时要有计划地给健康鹅群进行免疫接种（图9-14）。

图9-14　注射疫苗

1. 免疫程序的制定和应用　制定免疫程序必须根据鹅疫病流行情况及其规律，鹅的用途（种用、蛋用或肉用）、日龄、母源抗体水平和饲养条件，以及疫苗的种类、性质、免疫途径等因素制定。免疫程序不是一成不变的，应根据具体情况随时进行调整。

下面的鹅免疫程序仅供参考：鹅1日龄接种小鹅瘟疫苗（或注射小鹅瘟抗血清）；7日龄接种禽流感疫苗；15日龄接种副黏病毒油乳剂灭活疫苗；20日龄再加强免疫禽流感。种鹅90日龄前后注射禽霍乱疫苗，120日龄注射大肠杆菌疫苗，180日龄第三次注射禽流感疫苗，200日龄第四次注射禽流感疫苗（禽流感流行地区）。另外，种鹅可在产蛋前1个月注射小鹅瘟疫苗和蛋子瘟疫苗各1次。对疫区根据不同的疫情进行强化免疫。

2. 免疫接种的注意事项

（1）疫苗必须来自有信誉、有质量保证的生物制品厂。

（2）各种疫苗必须进行冷藏运输和保存，使用前不能在阳光下曝晒。

（3）使用前逐瓶检查是否有破损、变质、异物或密封不严，凡存在上述现象的疫苗一律不得使用。

（4）尽量减少开启疫苗箱的次数，开后应及时关严。

（5）注射用具应事先清洗和煮沸消毒，吸取疫苗时要做到无菌操作。

（6）饮水免疫时应注意水质，水中不应含氯，要让绝大多数鹅饮到足够量的疫苗水。

（7）接种后搞好饲养管理，减少应激因素（如寒冷、拥挤、通风不良等），使机体产生足够的免疫力。

二、鹅主要传染病的防治

（一）小鹅瘟

小鹅瘟（Gosling plague，GP）是由小鹅瘟病毒引起的一种雏鹅急性败血性传染病。主要侵害3～20日龄雏鹅，患病雏鹅以精神委顿（图9-15）、食欲废绝和严重下痢为主要特征。本病传播迅速，发病率和死亡率高达90%～100%，是一种严重危害养鹅业的重要传染病。

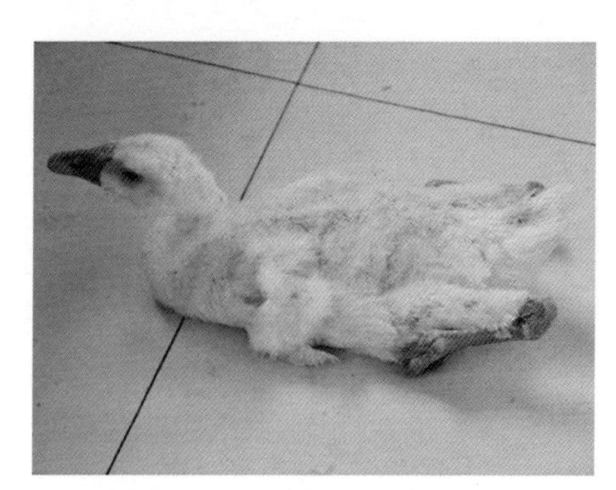

图9-15　小鹅瘟病鹅精神委顿

1. 流行特点　在自然情况下，小鹅瘟病毒可感染各种鹅，包括白鹅、灰鹅、狮头鹅与雁鹅。其他动物除番鸭外，均无易感性。出壳后3～4天乃至20天左右的雏鹅均可发生本病。

小鹅瘟病毒主要通过消化道感染，病鹅的内脏、脑、血液及肠管均含有病毒。健鹅通过与病鹅直接接触或接触病鹅排泄物污染的饲料、饮水、用具和场地而感染。本病能通过种蛋传播，被带毒的种蛋（主要是蛋壳被污染的种蛋）污染的孵化室和孵化器对传播本病起到重要的作用。

小鹅瘟发病率及死亡率的高低，与母鹅的免疫状况有关。病愈的雏鹅、隐性感染的成鹅均可获得坚强的免疫力。成鹅通过卵黄将抗体传给后代，使雏鹅获得被动免疫。本病具有一定的周期性，一般为1～2年或3～5年流行一次。

2. 主要症状　本病潜伏期为3～5天，以消化系统和中枢神经系统紊乱为主要表现。根据病程的长短不同，分为最急性型、急性型和亚急性型三种。

（1）最急性型　多发生于3～10日龄的雏鹅，通常不见有任何前驱症状，雏鹅发生败血症而突然死亡，或在发生精神呆滞后数小时即呈现衰弱，倒地划腿，挣扎几下就死亡（图9-16），传播迅速，数日内即可传播全群。

（2）急性型　多发生于15日龄左右的雏鹅，患病雏鹅表现精神沉郁，

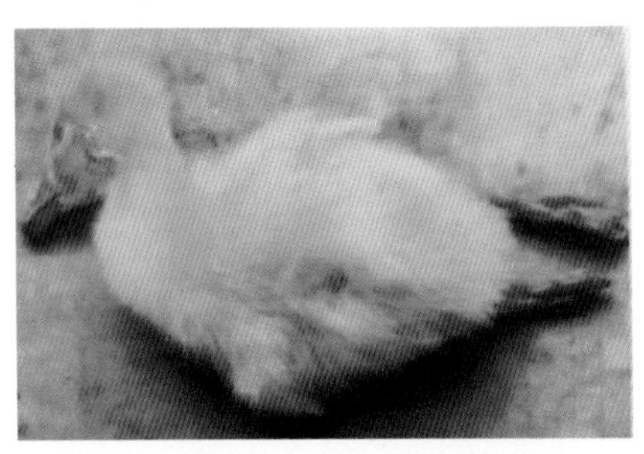

图9-16　最急性型小鹅瘟通常发于1周龄以内的雏鹅，往往不见任何症状，突然倒地死亡

食欲减退或废绝，羽毛松乱，头颈缩起，闭眼呆立，离群独处，不愿走动，行动缓慢；虽能随群采食，但所采得的草并不吞下，随采随丢；病雏鹅鼻孔流出浆液性鼻液，沾污鼻孔周围，频频摇头；进而饮水量增加，逐渐出现拉稀，排灰白色或灰黄色水样稀粪，常为米浆样混浊且带有气泡或有纤维状碎片，肛门周围绒毛被沾污；喙端和蹼色变暗（发绀）；有个别患病雏鹅临死前出现颈部扭转或抽搐、瘫痪等神经症状。据临床所见，大多数雏鹅发生于急性型，病程一般为2～3天，随患病雏鹅日龄增大，病程渐而转为亚急性型。

（3）亚急性型　通常发生于流行的末期或20日龄以上的雏鹅，其症状轻微，主要以行动迟缓、走动摇摆、拉稀、采食量减少、精神状态略差为特征。病程一般4～7天，间或有更长的。有极少数病鹅可以自愈，但雏鹅吃料不正常，生长发育受到严重阻碍，成为“僵鹅”（图9-17）。

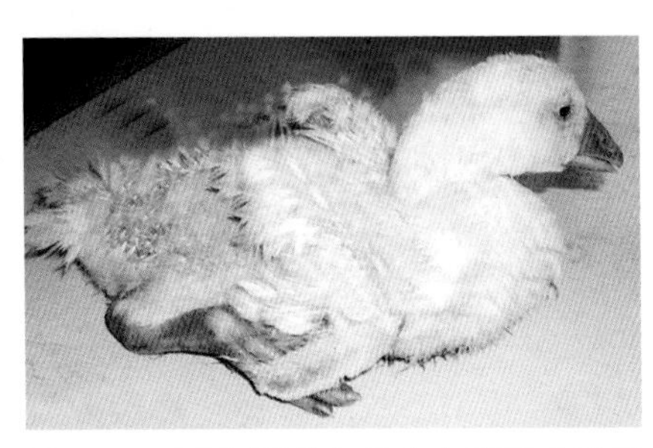

图9-17　亚急性型小鹅瘟病鹅通常发病后成为“僵鹅”

3. 病理变化

（1）最急性型　剖检时仅见十二指肠黏膜肿胀、充血，有时可见出血，在其上面覆盖有大量的淡黄色黏液；肝脏肿大、充血、出血，质脆易碎；胆囊胀大，充满胆汁。其他脏器的病变不明显。

（2）急性型　剖检时可见肝脏肿大、充血、出血、质脆；胆囊胀大，充满暗绿色胆汁；脾脏肿大、呈暗红色；肾脏稍肿大、呈暗红色、质脆易碎。肠道有明显的特征性病理变化。病程稍长的病例，小肠的中段和后段，尤其是卵黄囊柄与回盲部的肠段，外观膨大，肠道黏膜充血、出血、发炎、坏死、脱落，与纤维素性渗出物凝固形成长短不一（2～5厘米）的栓子，体积增大，形如腊肠状；手触腊肠状处质地坚实，剪开肠

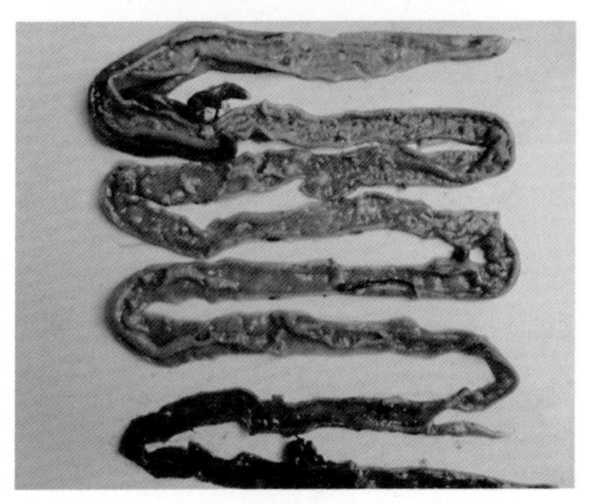

图9-18　小鹅瘟病鹅肠道病理变化

道后可见肠壁变薄，肠腔内充满灰白色或淡黄色的栓子状物（以上俗称为腊肠粪的变化，是小鹅瘟的一个特征性病理变化，图9-18）。也有部分病鹅小肠中后段未见明显膨大，但可见到肠黏膜充血、出血，肠腔内有大量的纤维素性凝块和碎片，未形成坚实栓子。

4. 诊断要点　根据流行特点（1～2周龄的雏鹅大批发生肠炎症状，死亡率极高，而青年鹅、成年鹅及其他家禽均未发生）、临床特征（患病雏鹅拉黄白色或黄绿色水样粪）和病理变化（肠管内有条状的脱落假膜或在小肠末端发生特有的栓塞），一般可作出诊断。确诊需要进行病原学检查和血清学试验。

5. 治疗方法

（1）小鹅瘟抗血清　对感染小鹅瘟及受威胁的雏鹅，可达到治疗和预防的作用。治疗用剂量为每只每次2～3毫升，对刚受感染的雏鹅，保护率可达80%～90%；对刚发病的雏鹅保护率40%～50%。预防用剂量为出壳后每只雏鹅肌内注射0.5～1毫升，可防止小鹅瘟的暴发流行。

（2）抗小鹅瘟卵黄抗体　用途同抗血清，也能起到预防及治疗作用。

6. 预防措施

（1）严格卫生防疫制度　①严禁从感染区购进种蛋、雏鹅及种鹅。为防止病毒经种蛋传播，对种蛋应严格进行药液冲洗和福尔马林熏蒸消毒。②孵化场要定期进行彻底消毒。孵化室一旦被污染，应立即停止孵化，在进行严密的消毒后方能继续孵化。③新购进的雏鹅，应隔离饲养20天后确认无小鹅瘟发生时，方能与其他雏鹅合群饲养。④母鹅在产蛋前1个月应全面进行预防接种。受病毒威胁的鹅群一律注射弱毒疫苗。⑤病死雏鹅尸体要焚烧或深埋处理，对病毒污染的场地要彻底消毒。严禁病鹅外调或出售。

（2）强化免疫接种　采用鹅胚、鸭胚化弱毒疫苗在产蛋前1个月接种母鹅，可使雏鹅获得坚强的被动免疫。此外，也可给1日龄雏鹅接种疫苗，具有一定的效果。

（二）禽流感

禽流感是禽流行性感冒的简称。是由A型禽流行性病毒引起的一种禽类（家禽和野禽）传染病。禽流感病毒感染后可以表现为轻度的呼吸道症状和消化道症状，死亡率较低；或表现为较严重的全身性、出血性、败血性症状，死亡率较高。这种症状上的不同，主要是由禽流感病毒不同毒型决定的。

根据禽流感病毒致病性的不同，可以将禽流感分为高致病性禽流感、低致病性禽流感和无致病性禽流感。近年来国内外由禽流病毒H5N1血清型引起的禽流感称为高致病性禽流感，发病率和死亡率都很高（图9-19），是一种毁灭性疾病，每一次严重的暴发都给养禽业造成了巨大的经济损失。许多国家和地区都曾发生过本病。

图9–19　高致病性禽流感发病率、死亡率都很高

1. 流行特点　体重在500克左右的仔鹅最易感染禽流感病毒，成年鹅发病率较低。高致病性禽流感病毒与普通流感病毒相似，一年四季均可流行，但在冬季和春季容易流行，因禽流感病毒在低温条件下抵抗力较强。各品种和不同日龄的禽类均可感染高致病性禽流感，发病急、传播快，其致死率可达100%。

2. 主要症状　禽流感的潜伏期从数小时到数天，最长可达21天。潜伏期的长短受多种因素的影响，如病毒的毒力、感染的数量，禽体的抵抗力、日龄大小、品种，饲养管理情况、营养状况、环境卫生及有否应激影响。本病的主要特征是呼吸困难，鼻孔中有大量浆液性分泌物流出，病鹅常摇头甩掉分泌物。严重病例不吃食，缩颈伏卧地上，张口呼吸，有鼾声。病程2～4天，死亡率25%～95%。一般轻症病例可以耐过，重症病例多数死亡，耐过者常出现脚麻痹，站立不稳（图9-21），或不能站立，最后被淘汰。

高致病性禽流感的潜伏期短、发病急剧，在短时间内可见病鹅食欲废绝、体温骤升、精神高度沉郁，伴随大批死亡。在潜伏期内有传染的

图9-20　禽流感病鹅眼红流泪

图9-21　禽流感病鹅两脚发软、站立不稳

可能性。

3. 病理变化　主要呈急性败血症损害，外观鼻腔中有浆液性或黏液性分泌物。肺瘀血（图9-22），气管及支气管充血、出血，官腔中有半透明渗出物。心内膜及外膜有出血点或大小不等的出血斑。肝轻度肿大、瘀血，胆囊肿大，充满胆汁。肾瘀血。

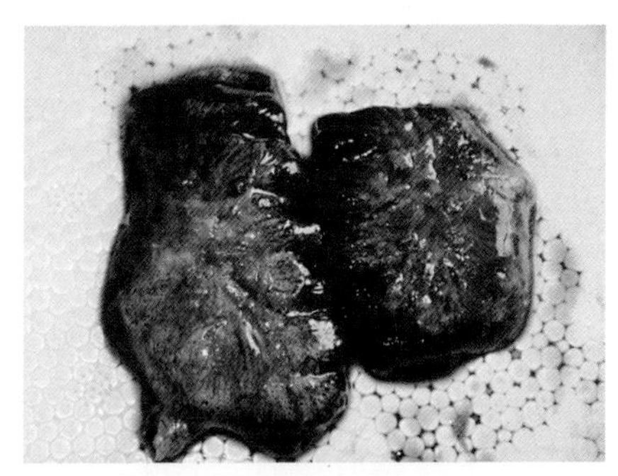

图9-22　禽流感病鹅肺瘀血

4. 诊断要点　根据流行特点及临床表现可初步作出诊断。确诊需要进行病原分离鉴定和动物接种试验，必要时可采取肝、脾、肾组织送指定试验室检查。

5. 治疗方法　对普通禽流感病鹅的治疗可用10%磺胺嘧啶肌内注射，每千克体重注射0.5～1毫升，每天2次，连续治疗2～3天；也可用片剂内服，每千克体重0.1～0.2克，连续治疗2～3天，有较好疗效。但对某些病例无效，可能有其他继发感染。鹅发生高致病性禽流感时，按照国家规定，一旦确诊，应该立即对3千米以内的全部禽只扑杀、深埋，对其污染物做好无害化处理。这样，可以尽快扑灭疫情，消灭传染源，减少经济损失，是扑灭禽流感的有效手段之一。

6. 预防措施　关于是否应用疫苗接种控制禽流感，一直存在争议。但在发生高致病性禽流感时，严禁使用疫苗接种，只能采取扑杀的方法。如发生中等毒力以下的禽流感，则可试用疫苗。我国已经成功研制出预

图9-23　为鹅注射禽流感疫苗

防H5N1高致病性禽流感的疫苗。非疫区的养殖场应该及时接种疫苗从而达到防止禽流感发生的目的(图9-23)。

禽流感病毒在外界环境中存活能力较差，只要消毒措施得当，养禽生产实践中常用的消毒剂，如醛类、含氯消毒剂、酚类、氧化剂、碱类等均能杀死环境中的病毒。场舍环境采用下列消毒剂消毒效果比较好。

（1）醛类消毒剂　有甲醛、聚甲醛等，其中以甲醛的熏蒸消毒最为常用。密闭的圈舍可按每立方米7～21克高锰酸钾加入14～42毫升福尔马林进行熏蒸消毒。熏蒸消毒时，室温一般不应低于15℃，相对湿度60%～80%。可先在容器中加入高锰酸钾后再加入福尔马林溶液，密闭门窗7小时以上便可达到消毒目的。然后敞开门窗通风换气，消除残余的气味。

（2）含氯消毒剂　消毒效果取决于有效氯的含量，含量越高，消毒能力越强。包括无机含氯和有机含氯消毒剂。可用5%漂白粉溶液喷洒于动物圈舍、笼架、饲槽及车辆等进行消毒。次氯酸杀毒迅速且无残留物和气味，因此常用于食品厂、肉联厂设备和工作台面等物品的消毒。

（3）碱类制剂　主要有氢氧化钠等，消毒用的氢氧化钠制剂大部分是含有94%氢氧化钠的粗制碱液，使用时常加热配成1%～2%的水溶液，用于消毒被病毒污染的鹅舍地面、墙壁、运动场和污物等，也用于屠宰场、食品厂等地面以及运输车辆等物品的消毒。喷洒消毒6～12小时后用清水冲洗干净。

（三）鹅副黏病毒病

鹅副黏病毒病是禽Ⅰ型副黏病毒引起鹅的急性病毒性传染病。各年龄的鹅都会发病，主要发生于15～60日龄的雏鹅。鹅龄越小发病率和死亡率越高，病程短，康复少。本病的流行无明显的季节性。主要通过消化道和呼吸道感染，也能通过种鹅蛋传染。各品种的鹅均会感染发病，与病鹅同群的鸡会发病，而同群的鸭未见发病。该病毒抵抗力不强，常用的消毒药物都能将其杀灭。

1. 主要症状　病鹅表现精神沉郁、委顿，两肢无力而蹲地，饮水量增加。后期出现扭颈、转圈、仰头等神经症状，尤其在饮水后更明显，10日龄左右雏鹅常出现甩头现象。病初拉白色稀粪，后呈水样，带暗红色、黄色或墨绿色（图9-24）。一般发病率为40%～100%，死亡率为30%～100%。部分病鹅可逐渐康复，一般于病后6～7天开始好转，9～10天康复。

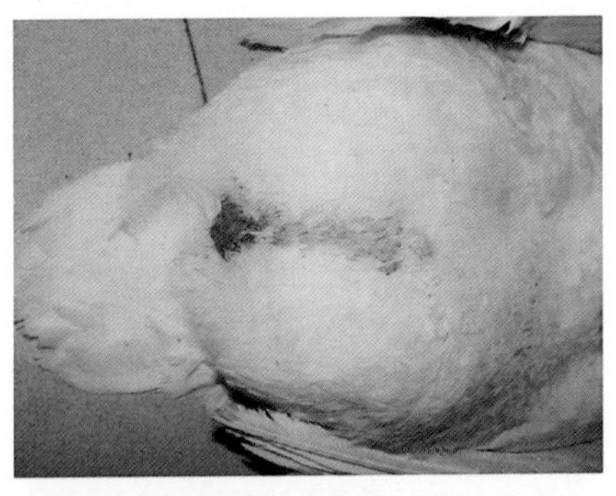

图9-24　鹅患副黏病毒病排墨绿色粪便

2. 病理变化　特征性病变主要在消化道。食管黏膜特别是下端有散在芝麻粒大小的灰白色或淡黄色易剥离的结痂，剥离后可见斑点或溃疡。部分病鹅的腺胃及肌胃充血、出血。肠道黏膜上有淡黄色或灰白色芝麻粒大小至小蚕豆粒大纤维素性坏死性结痂，剥离后呈出血性溃疡面（图9-25）。盲肠扁桃体肿大、明显出血，盲肠和直肠黏膜上有同样的病变。肝肿大、瘀血、质地较硬。脾脏肿大，有芝麻粒至绿豆大的坏死灶。胰腺肿大，有灰白色坏死灶。心肌变性，部分病例心包有淡黄色积液。

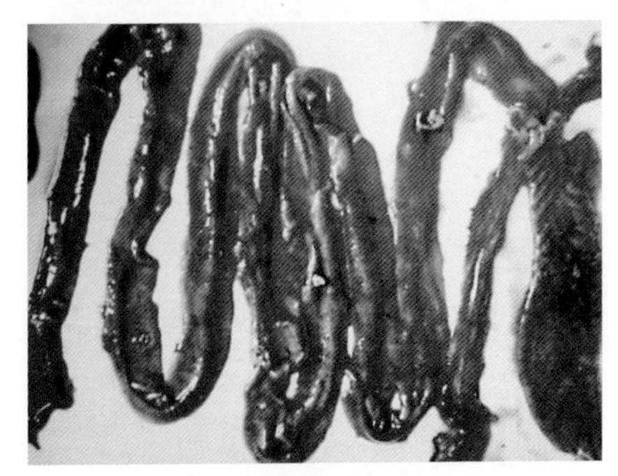

图9-25　鹅副黏病毒病肠黏膜溃疡

本病的初期症状和病变与小鹅瘟相似，易与小鹅瘟混淆误诊。

3. 防治措施　鹅副黏病毒病目前无疗效好的治疗药物，只有采取综合防制措施。鹅群一旦发生本病，立即将病鹅隔离或淘汰，死鹅深埋，彻底消毒，以消灭本病的发生和流行。

（四）水禽鸭传染性浆膜炎（水禽鸭疫里默氏菌病）

鸭传染性浆膜炎是由鸭疫里默氏杆菌（Ra）引起的一种接触性传染

性疾病，又称为鸭疫里默氏杆菌病、新鸭病、鸭败血症、鸭疫综合征、鸭疫巴氏杆菌病等。鹅也能感染此病。症状和诊疗方法与鸭类似，在此以鸭为例进行介绍，主要发生于2～5周龄的小鸭，病程短，常为急性经过，一年四季均可发生，但以冬春季节多发。

1. 流行特点 主要侵害2～8周龄的鸭，尤其是2～4周龄的雏鸭最易感，1周龄内的幼鸭和种鸭、成年蛋鸭很少发病。本病一年四季都可以发生。特别是秋末或冬春季节为甚，主要经呼吸道或经皮肤外伤感染。

2. 临床症状 精神萎靡，食欲下降甚至废绝。主要表现为眼和鼻分泌物增多，喘气、咳嗽、打喷嚏，下痢，粪便稀薄呈绿色或黄绿色。软脚、跛行，站立不稳，部分病例跗关节肿大、鼻窦部肿大，部分鸭有共济失调、转圈、抽筋等神经症状。病鸭呈急性或慢性败血症，在发病后期迅速脱水、衰竭、死亡，病程2～5天。病变以纤维素性心包炎、肝周炎、气囊炎、脑膜炎及部分病例出现关节炎为特征（图9-26），常引起小鸭的大批发病和死亡。

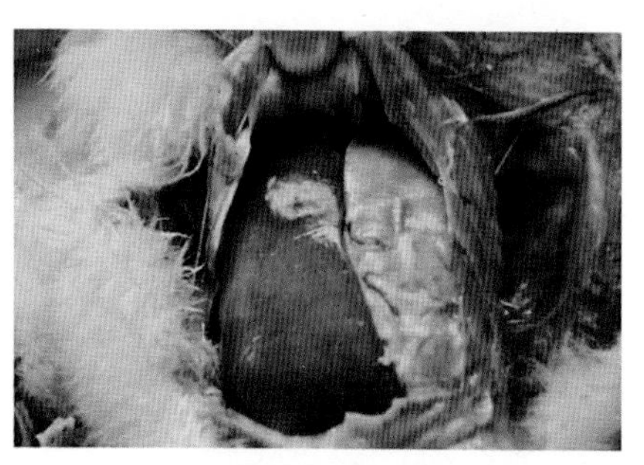

图9-26　鸭传染性浆膜炎病理症

该病的发生与鸭的年龄大小、饲养管理的好坏、各种不良应激因素或其他病原感染有一定的关系，死亡率一般在5%～75%。如卫生条件差，饲养管理不善、饲养密度过大，潮湿、通风不良，饲料中缺乏维生素、微量元素以及蛋白质含量较少等因素，容易诱发本病的流行；雏鸭转换环境、气候骤变、受寒、淋雨，及有其他疾病（番鸭花肝病、禽大肠杆菌病、禽出血性败血症等）混合感染时，更易引起本病的发生和流行，死亡率往往可高达90%以上。该病易复发且难以扑灭，在发病鸭场持续存在，引起不同批次的幼鸭感染发病，同时还可引起大肠杆菌病的混合感染，给养鸭业造成严重的经济损失。

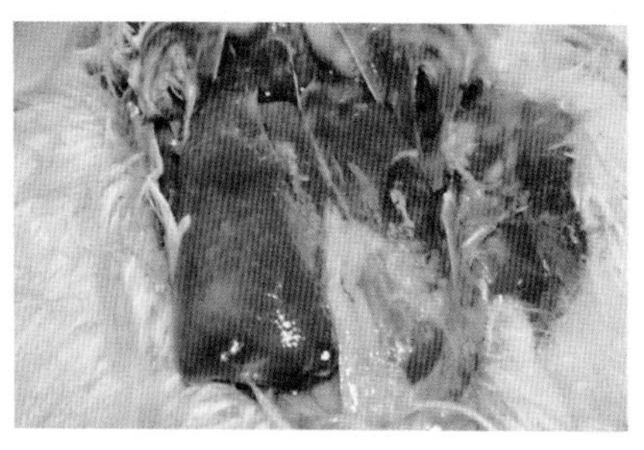

图9-27　鸭浆膜炎病灶

3. 临床诊断 本病在临床及病理剖检诊断上应注意与雏鸭大肠杆

菌病、衣原体感染相区别。确诊需进行实验室诊断。

4. 防治措施

（1）鸭群发病后，首先使用0.1%过氧乙酸对发病小鸭进行喷雾消毒，连用3天。更换鸭棚中的垫料。用具、饮水器、料槽清洗后用1 ∶ 1 500百毒杀消毒，每天1次，连用1周。用1 ∶ 1 500消毒威消毒 运动场地。

（2）对本病有效的药物有丁胺卡那霉素、氟苯尼考、林可霉素、利高霉素、庆大霉素、大观霉素等，用于雏鸭预防性投药或治疗。但本病对药物的敏感性易变，应交替使用不同药物。

（3）免疫对控制本病有一定效果，但本病原菌有12个血清型，我国主要为Ⅰ型，也发现有Ⅱ型，应注意选用相应血清型的灭活苗。雏鸭的免疫接种尽可能在出生后及早实施首免，1周后再做加强免疫。

（五）禽霍乱（禽巴氏杆菌病）

禽霍乱又名禽巴氏杆菌病，是由多杀性巴氏杆菌引起的一种接触传播的传染病，鸡、鸭、鹅及野禽与野鸟均可感染。本病在世界多数国家呈散发性或地方性流行，我国各省、自治区均有本病发生。

1. 病原特性　病原为多杀性巴氏杆菌。在新的分类中，巴氏杆菌属有很大的变化，其中与兽医有关的亚种如下：多杀性巴氏杆菌亚种、败血亚种和杀禽亚种。多杀亚种包括引起家畜重要疾病的菌种，杀禽亚种的菌株来源于各种禽类，有时也引起禽霍乱。多杀性巴氏杆菌是革兰阴性、不运动、不形成芽孢的杆菌，在组织、血液和新分离培养物中的菌体呈两极染色、有荚膜。具有橘红色荧光菌落的菌体有荚膜，蓝色荧光菌落的菌体没有荚膜。

本菌对热的抵抗力不强，56℃经15分钟、60℃经10分钟内可被杀死。在-30℃低温可保持很长时间而不发生变异，冻干菌种可保存26年以上。

2. 流行特点　禽类对本病都有易感性，成年家禽特别是性成熟家禽对本病更易感。我国各地区都有发生，南方各省常年流行，北方各省多呈季节性流行。本病在鹅群中多为散发，但水源严重污染时也能引起暴发流行。病禽和带菌的家禽是主要的传染源，禽霍乱的慢性带菌状态是终生的。被污染的垫草、饲料、饮水、用具、设备、场地等可成为本病的传播媒介；犬、飞鸟甚至人都能成为机械带菌者；此外，一些昆虫如蝇类、蜱、鸡螨也是传播的媒介。

3. 临床症状 自然感染的潜伏期为3～5天。临床上因个体抵抗力的差异和病原菌毒力的差异，其症状表现可分为三型。

（1）最急性型 多见于流行初期，高产母鹅感染后多呈最急性型。无先期症状，常突然发病倒地死亡，有时晚上喂料时无异常，次日早晨却有病鹅死于舍内。

（2）急性型 此型最为多见。病鹅精神沉郁，羽毛松乱，少食或不食，离群呆立，蹲伏地上，头藏在翅下。驱赶时，行动迟缓，不愿下水。腹泻，排灰白色或黄绿色稀粪。体温高达42～43℃，呼吸困难，病程2～3天，多数死亡。

（3）慢性型 多见于流行后期，部分病例由急性型转化而来。病鹅主要表现持续下痢，消瘦，后期常见一侧关节肿大、化脓，因而发生跛行。病鹅精神不佳，食量小或仅饮水，部分病例还表现呼吸道炎，鼻腔中流出浆液性或黏性分泌物，呼吸不畅，贫血，肉瘤苍白，病程可持续1个月以上，最后因失去生产能力而淘汰。

4. 病理变化 最急性型往往见不到特征性病变。急性型者全身浆膜、黏膜出血，心冠脂肪、肺、气管可见小出血点或出血斑，心包膜内有浆液性渗出物，肝脏上密布针尖大灰黄色坏死点，肠道尤其十二指肠出现卡他性出血性肠炎，盲肠黏膜有小溃疡灶，腹腔内有纤维素渗出物，脾变化不大，肺充血、水肿或有纤维素渗出物。慢性者可见鼻腔、鼻窦、支气管卡他性炎症，肺呈纤维素性肺炎，发生肝变，关节内积有干酪样渗出物，关节肿大、化脓。

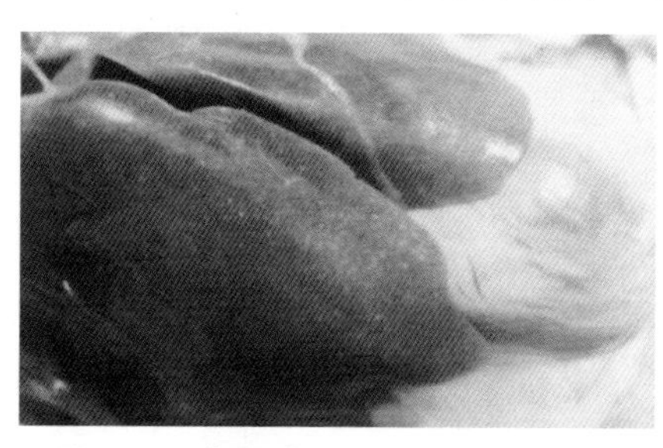

图9-28 禽霍乱，肝散在多处坏死点

5. 诊断要点 根据流行特点、典型症状和病理变化只能怀疑为本病或初步诊断。确诊可采取死鹅肝、脾组织抹片、血液涂片革兰染色镜检，如出现大量革兰阴性两极着色小杆菌即可确诊。也可用病变组织进行细菌培养和动物接种分离病原菌，最后作出诊断。

6. 治疗方法

（1）药物治疗 治疗禽霍乱可用青霉素、链霉素、土霉素、磺胺嘧啶等磺胺类药物及喹乙醇等。不同药物在不同鹅场、不同暴发的病禽效果可能不同。因此，最好先做药敏试验，然后选用最敏感的药物。参考剂量：青霉素成年鹅每只5～8万单位，每天2～3次，肌内注射，连用4～5天；链霉素每只成年鹅肌内注射10万单位，每天1次，连用2～3天；土霉素每千克饲料中加入2克，拌匀饲喂，每天1次，连用2天，仔鹅药量酌情减少；20%磺胺二甲基嘧啶钠注射液，每千克体重肌内注射0.2毫升，每天2次，连用4～5天；长效磺胺每千克体重0.2～0.3克内服，每天1次，连用5天；复方敌菌净按饲料重量加入0.02%～0.05%拌匀饲喂，连用7天。

（2）禽霍乱抗血清　发病早期给鹅皮下注射10～15毫升抗血清，可获得较好的疗效。

7. 预防措施

（1）免疫接种　我国生产使用的禽霍乱菌苗有两大类。一类是死菌苗，即禽霍乱氢氧化铝菌苗；另一类是活菌弱毒苗，即G190E40禽霍乱弱毒菌苗和713等弱毒菌苗，在一些地区大量试用。禽霍乱亚单位氢氧化铝苗保护率可达75%。如有条件，可从当地发病禽分离菌株，制成氢氧化铝自家菌苗。

（2）防疫卫生　加强管理，使鹅保持良好的抵抗力。由于禽霍乱的发生多因体内带菌，当遇饲养管理欠佳及长途运输等应激因素时，鹅抵抗力下降，该菌则会乘虚而入。一旦发现禽霍乱发生，应对发病圈、栏进行封锁，防止病原扩散，并对病鹅隔离治疗，健康鹅也应给予预防性药物。受污染的圈舍、用具、设备等应彻底消毒，将疫情控制在发病群内，以期尽快扑灭该病。

由于引起禽霍乱的多杀性巴氏杆菌血清型较多，在接种菌苗之后难免还会发生禽霍乱。所以，在本病严重发生的地区，在进行免疫接种的同时，应加强卫生消毒、药物防治等综合性防控措施。

百元生. 1999. 饲料原料学[M]. 北京：中国农业出版社.
陈光明. 2011. 四季鹅的育雏方式[J]. 农家致富（3）：38-39.
陈国宏. 2000. 鹅鸭饲养技术手册[M]. 北京：中国农业出版社.
单既智，李春江. 2008. 肉鹅网上育雏技术[J]. 科技致富向导(5):24.
韩鑫伟. 2008. 鹅三种育雏方式[J]. 农村养殖技术(22) :11.
何大乾，卢永红. 2005. 肉鹅高效生产技术手册M]. 上海：上海科学技术出版社.
胡民强. 2005. 广东果园种草养鹅的潜力与对策[J]. 广东畜牧兽医科技(5):34-36.
李昂. 2003. 实用养鹅大全[M]. 北京：中国农业出版社.
李顺才. 2014. 高效养鹅[M]. 北京：机械工业出版社.
马敏，刁运华，徐成清，等. 2007. 四川白鹅反季节繁殖技术[J]. 中国家禽，29(7):23-24.
彭祥伟，梁青春. 2009. 新编鸭鹅饲料配方600例M]. 北京：化学工业出版社.
王宝维. 2009. 中国鹅业[M]. 济南：山东科学技术出版社.
王宝维. 2009. 中国鹅业[M]. 济南：山东科学技术出版社.
王继文. 2002. 养鹅关键技术[M]. 成都：四川科学技术出版社.
杨凤. 1999. 动物营养学[M]. 2版. 北京：中国农业出版社.
张彦明. 2002. 最新鸡鸭鹅病诊断与防治技术大全[M]. 北京：中国农业出版社.

王阳铭　推广研究员，重庆市畜牧科学院家禽研究所副所长，“十二五”国家水禽产业技术体系重庆综合试验站站长，重庆市“两翼”农户万元增收工程养鸭首席，中国畜牧业协会禽业分会理事。自1985年以来，先后主持和参加部、市级等科研项目和推广项目共31项。在家禽营养需要研究，三峡库区种草养畜关键技术应用等方面做了大量科研推广工作，积累了较丰富的经验，取得了较好的成绩。 获得科研推广成果奖12项，其中获得全国农牧渔业丰收奖一、二等奖及重庆市科技进步二等奖、三等奖各一项。分别在核心期刊等刊物上发表科研论文42篇，主（参）编论著4部。

汪　超　重庆市畜牧科学院副研究员。主要从事水禽营养代谢调控、饲料资源开发与养殖技术研究及推广工作。先后主持省部级科研项目3项，参加国家及省部级科研项目10余项；发表学术论文10篇（其中SCI收录4篇），参编专著3部。

罗　艺　助理研究员。长期深入基层工作，主要从事水禽养殖技术研发、集成、推广等工作，先后主持省部级等科研项目3项，参加项目10余项，撰写发表家禽相关研究论文18篇，获得专利授权5项，重庆市科学技术成果登记3项。2012年获得重庆市民族团结进步模范个人称号。

图书在版编目（CIP）数据

图说如何安全高效养鹅/王阳铭，汪超，罗艺主编.
—北京：中国农业出版社，2016.8（2019.3 重印）
（高效饲养新技术彩色图说系列）
ISBN 978-7-109-21665-5

Ⅰ.①图… Ⅱ.①王… ②汪… ③罗… Ⅲ.①鹅-饲养管理-图解 Ⅳ.①S835.4-64

中国版本图书馆CIP数据核字（2016）第100708号

中国农业出版社出版
（北京市朝阳区麦子店街18号楼）
（邮政编码100125）
责任编辑 郭永立

北京中科印刷有限公司印刷 新华书店北京发行所发行
2016年8月第1版 2019年3月北京第2次印刷

开本：889mm×1194mm 1/32 印张：4.25
字数：128 千字
定价：34.00 元